U0067814

超有機體艾多美的創新經營祕訣

艾多美 DNA

出版序

珍愛靈魂的企業，
艾多美

《艾多美DNA》是一本有關艾多美經營哲學、願景、工作方式、成果的全記錄。2016年，朴韓吉董事長於社內成立兩年四學期制「Atomy College 艾多美職員大學」，整理職員教育內容並發行職員專用《Atomy Way》。發行後「只在公司內部使用太可惜了」、「這本書能為直銷和產業整體帶來正面影響」等好評不斷，越來越多人提議將這本書對外出版發行。2021年，這本書時隔五年，終於正式改編發行。

過去十年間，艾多美創下了許多令人刮目相看的紀錄——2兆2千億韓元*銷售額、成功在海外成立24家法人、在韓國國內成立五家分公司（艾多美AZA、紅參丹、艾多美Orot、Siloh Art、REVERIE）、成立3家海外合資工廠（艾多美科瑪煙臺工廠、艾多美DEOTech煙臺工廠、臺灣艾一科技口罩工廠）、全球直銷企業銷售TOP10等無數驚人成就。

而這樣的艾多美，其實是從一間小小的月租辦公室出發，第一場研討會甚至只有17個人參加。而十年後，艾多美在韓國忠清南道公州設立了面積超過10,000坪的總部，並擁有子公司獨立工廠，全球會員超過1,500萬人。即便在疫情肆虐期間，依然將研討會快速轉換為線上方式舉辦，公司營運並持續呈現增長趨勢。

---

* 100韓元約為新台幣2.44元，2兆韓元約新台幣536.3億元。（匯率以2023年2月1日當日牌價換算之）

艾多美之所以能飛躍發展的原因究竟是什麼呢？

第一、是堅持原理與原則。原理就像是自然法則，如同水由高處往低處流，如果能用便宜的價格銷售好的產品，當然就會廣受消費者歡迎。而原則，就是相信遵循原理就會成功，並在這樣的信念之下遵守法律規範。艾多美以零售的原理和原則為基礎，追求絕對品質絕對價格的哲學。透過這樣的堅持，不僅在直銷產業，在一般零售業方面也獲得了難以比擬的絕對競爭力。

第二、是保有珍愛靈魂的一顆心。被上天創造出來的人，無論在什麼情況下都必須被視為最珍貴的存在。而對艾多美來說，企業經營的目的就是「人」。因此，我們不應該把顧客當作企業盈利的手段，而是必須將顧客的成功視為經營的目標。

職員也不是企業獲得成功的手段，艾多美不希望任何一位職員為了公司犧牲自己的人生，我們希望職員透過公司變得更加幸福。艾多美珍視每一個靈魂，並以此為基礎，努力讓每個人都過上成功人生。

第三、是創新經營。艾多美總是要求職員不要一心想把工作做好，而是要讓工作「消失不見」。「玩累了再工作吧！」新總部的設計理念揉合了這樣的思想哲學，因此，無論是職員還是家屬，都可以隨時隨地使用公司內部的游泳池、騎馬場、健身房等設施。我們也要求職員不要管理、不要監督、不要監視。只要賦予職員決策權，就能讓工作變成最有趣的事，這樣就絕對不可能閒下來。職員要用錢的時候，我們也不會要求事先批准。只要負責人決定，經管部門就一律會支付費用。艾多美不擔心公司的錢被職員隨便花用，而是擔心公司的錢堆著沒有人敢去使用。此外，職員可以自行決定名片上的職級，而且艾多美會為每位職員提供公司卡**，到海外出差也不必事先經過公司核准。不僅如此，我們還要求艾多美職員要為顧客向公司爭取權益，而不是代替公司跟顧客爭吵。

在短時間內實現巨大成功的艾多美，已經成為了全球直銷業者和零售業者的關注對象。人們開始對艾多美飛速成長背後的祕訣、艾多美的哲學與精神、艾多美職員的工作方式感到好奇。

《艾多美DNA》這本書寫的就是有關帶領艾多美轉變的背後要素。透過這本書，公司職員和與艾多美有關的所有人都能了解艾多美的精髓。我還希望書本問世之後，能出現第二個、第三個艾多美，讓更多的韓國優秀零售企業能在地球村的每個角落順利紮根。

艾多美董事長、經營學博士

朴韓吉

** 法人卡，是以公司法人為對象發放的信用卡，可用於韓國公司資本金管理、收購銷售的存取款、營運資金的使用等方面，是韓國公司營運中最常用的存取憑證。簡單來說，使用法人卡可省去預支差旅費或公款及事後請款處理的麻煩。員工不需自行先墊付款項，由公司統一撥款。

推薦序

擁有慧眼者
得以改變世界

（前）韓國原子力研究院 院長

張仁順 博士

企業的存在價值在於國家的教育與文化。

人們呱呱墜地來到這世界後，在愛、學習、分享以及無法避免日漸年老的過程中，什麼是最重要的呢？當然是物質（財物）與學習，因此，人類最珍貴的遺產就是「書」，托瑪斯・巴林（Thomas Baring）曾說過：「若沒有書，神將因而沉默，正義將無法伸張，自然科學將無法發展，哲學與文學將一片死寂。」

人生在世，還有什麼比認識優秀的朋友、讀到嘉言懿行的書還要更幸福的呢？在人生的漫漫長路上，投資自己是最有價值的，其中又以「閱讀」這項投資收穫最多。韓國科瑪（Kolmar BNH，前SunBio Tech）是韓國第一家研究院企業，成立之初產官學界普遍不看好，2004年，艾多美與韓國科碼攜手合作，一起從零開始打造事業根基，短短十餘載銷售額就突破2兆韓元，並且為直銷業界帶來翻天覆地的變化。究竟艾多美是如何辦到的？答案就在這本書中。

本書之所以重視「珍愛靈魂的經營哲學」與「原理原則」，是因為哲學的根基就是將以人為本、以正義為根的人類價值視為至善，比起累積財富，更重視哲學性的「靈魂」價值，因此這樣的哲學能夠散發閃耀光芒、永世流傳。這正是眾人認同《聖經〈創世紀〉》為全人類最珍貴的共同資產，同時也是最寶貴的共同知識之原因。此外，若要在「冰融化時變成水」與「冰融化時大地回春」中擇一，選擇後者的人獨具慧眼，這種獨到的見解是應對未來所需具備的「創新」能力基礎。閱讀這本蘊含朴韓吉董事長哲學理念與真知灼見的著作，不僅能夠引領人們走向積累財富的道路，也將照亮眾人在成就更好的自我途中所經歷的種種晦暗，誠心推薦各位閱讀。

相信各位讀過這本書後，不僅能在積累財富的同時享受豐富的物質生活、感到無比幸福，也能在日常生活中擁有充實的精神世界。精神世界充實、現實世界幸福的人生就是最圓滿的狀態，而願意施予、分享的人生則是更高層次的人生。

我認為企業的存在價值必須展現於國家的教育與文化之上，因為那正是使全民生活富足的良方。乍看之下，似乎是科學技術改變了世界，但其實是懂得適當地使用科學技術者的「慧眼」改變了世界。我認為珍愛靈魂、以人為本的經營哲學是艾多美登峰造極的主要原因，越成功就越謙卑的企業才能真正獲得人們的青睞。艾多美為了大眾福祉，透過以國民稅金立的國家級先進技術研究院之研發成果建立企業，正似美洲猶他族人（Ute）所寫的文句，展現出艾多美的企業文化精神，在此特別引用幾句與大家分享。

別走在我的後面，
我無法帶領你前行。
別走在我的前面，
我無法跟上你的腳步。
讓我們同心協力，
並肩前行。

推薦序

世界瞬息萬變，
原理亙古不變

高麗大學 法學研究所 流通法中心

崔永洪 教授

「世界瞬息萬變，原理亙古不變。」──這正是以人為本的重要思維。我們生而為人，即使時代與環境不斷變化，「必須珍視人的價值」這點萬古不變。偉大的聖賢們給予我們的教誨亦蘊含於這個原理之中。就像生存的空氣一般重要，但我們卻忽視了。這本書的核心內容是把尊重人的價值的基本原理徹頭徹尾地運用在現實的企業經營。

物流領域中有各式各樣的流通方式，如：連鎖店、郵購、代理店或直營店銷售、電視購物、電商，以及俗稱「多層次銷售」的直銷等。其中因為極少數非法金字塔銷售為多層次銷售的型態，讓多層次銷售在一般大眾腦海中印下負面的痕跡。但克服難關的艾多美，僅僅在創業後十年，一躍為韓國業績最大，並進軍世界各國快速成長的企業。

一開始拿到這本書時，我以為這只是一本「經美化過的某企業家的成功故事」，但坐在書桌前翻過一頁又一頁，我才意識到我不該如此妄下定論。朴韓吉董事長戰勝逆境的過往與艾多美的成功故事，源自於珍視靈魂的獨特哲學，及企業家所擁有的嶄新開創精神與合理主義精神。克服負面的社會認知與惡劣的創業環境，努力實現心中夢想的故事，將會為企業經營者、欲與他人建立真誠的合作關係者，以及擁有想治理世界之宏願者無限的靈感。此外，對於那些為了在未來一展長才而努力耕耘的年輕人而言，這些故事讓他們確信「正道乃邁向成功之路」的道理。偉人的標準正不斷地改變中，過去人們認為英雄豪傑或坐擁強權的君王很偉大，如今，以溫暖的人道主義精神發展企業，恪盡社會責任的企業家才是偉人，才是萬眾景仰的對象。讓員工們上班時樂在其中，滿足消費者的需求，將企業的利潤大量反饋給社會，這才是現代社會中最懂得尊重世人的表現。誠心建議想了解這些該如何在現實生活中實踐的人，都來讀一讀這本書。

推薦序

為韓國直銷業
提供恢復聲譽的解方

梨花女子大學 商學院 人事組織戰略

尹政九 教授

美國有一家跨國企業正在改寫製藥業的歷史，那就是擁有百年歷史的製藥公司「嬌生」（Johnson & Johnson），1982年，該公司生產的止痛藥「泰諾」（Tylenol）被一位精神病患注入劇毒，導致芝加哥地區多名居民因而身亡。事件平息後，嬌生公司的高層與職員們對於是否該繼續生產該款藥物一事意見分歧。當時嬌生公司的會長詹姆斯．柏克（James Burke）認為，與其因泰諾導致公司名譽受損後躲藏或逃避，不如把泰諾這款藥做得更好，正大光明地恢復受損的名譽，因此，他不顧公司高層與員工的反對，決定重新生產泰諾。最終，在詹姆斯．柏克會長與嬌生的高層、員工的不懈努力下，總算恢復了泰諾的聲譽，如今泰諾已成為嬌生公司銷售長紅的熱賣產品，值得一提的是，人們到藥局購買止痛藥時不會選擇其他品牌，總是直接表明「請給我泰諾」，泰諾一詞儼然已經成為止痛藥的代名詞。

韓國的直銷業正重演著嬌生公司詹姆斯·柏克會長曾一手打造的過往歷史。就行銷手法而言，多層次直銷是全球公認的商業手法，但韓國在多層次直銷業者腳踏實地獲得成功之前，先傳出金融詐欺集團打著多層次直銷的旗號詐騙的消息，讓多層次直銷被視為詐騙的手段。新聞媒體大幅報導因被詐騙而遭受損失的事件，人們心中產生，只要跟多層次直銷沾上邊，早晚會家破人亡的負面印象已根深蒂固。朴韓吉董事長之所以創建艾多美，就是為了要證明透過直銷也能踏踏實實地獲得成功，並透過艾多美重新恢復直銷業的名聲。《艾多美DNA》中，詳細地記載了朴韓吉董事長花費心血努力經營、一步一步恢復韓國直銷業名聲的心路歷程。

如今一般經營管理學的教材中，都沒有將元宇宙數位時代的新變化納入其中，對此我感到相當惋惜，但這本書包含了所有我想看到的內容。若要我重新執筆撰寫適合元宇宙數位時代的管理學教材，我想我寫的內容應該會跟這本書大同小異。艾多美雖然是韓國本土直銷企業，但其文化與工作模式與世界一流的企業相比也絲毫不遜色。這本書告訴我們，只要心存善念好好經營直銷業，直銷也能成為建立大企業的希望光芒。

與韓國大企業的典型文化相比，艾多美的工作模式至少領先十年。艾多美承諾「珍愛靈魂、堅定信念、經營夢想，謙卑服務顧客、員工與社會」，這為所有相關人員提供了莫大的心理基石，而公司職員們以此為基礎，將職場視為能夠提升專業能力、盡情玩樂的遊樂場。這本書的最後部分寫著朴韓吉董事長對員工們的叮嚀：「別為了公司而埋頭苦幹，應該好好思索該如何透過公司讓自己成功。」唯有公司已為員工建構好目標與使命明確的完美舞台時，才有底氣說出這樣的話。

希望對於韓國的本土經營案例抱持懷疑態度的學者或學生都能好好讀一讀這本書。

艾多美Park

於2019年4月完工的艾多美Park位於忠清南道公州市熊津洞，地坪2萬6,430㎡（8,000坪），建坪1萬4,413㎡（4,360坪），共有地下一層樓、地上四層樓。艾多美Park不僅是進軍全球市場的基地，也是全球1,500萬名會員的家園，更是所有艾多美人的驕傲。

atom美
ATOMY

目錄

Chapter 2 大衆精品 DNA

Chapter 3 合力 DNA

Chapter 4 阿米巴 DNA

Chapter 5 分享 DNA

附錄

1

夢想DNA

哲學與願景

生存・速度・均衡

企業的首要任務就是生存下來

What & Why

公司生存的要件

生存是企業的基本要素，也是重要的社會責任。對無法生存的組織而言，願景和目標都是毫無意義的。而經營者的最大罪孽，就是讓企業無法繼續生存。如果經營者未能有效管理自己手上的人力和物資，導致組織走向倒閉，就會讓企業的職員和其他有關人士面臨損失。若能合理運用資源並將各種成本最小化，就能盡可能避免企業倒閉的情形發生。

得以生存之後，必須要能夠創造出新的價值，企業才能繼續發展下去。速度是創造價值的核心概念，因此朝正確的方向加快速度是下一個關鍵。最後，是否能均衡分配創造出來的價值，將是決定企業能否持續成長的條件。艾多美用最少量率來進行分配，若想有效提升有限的價值並實現企業能持續成長，就必須實現均衡的分配。

How to

邁向固定開銷為零的「生存」

企業若想生存，就必須創造出利潤。簡單來想，零售企業就是將買入的價格加上足夠的成本和利潤進行銷售。但艾多美的想法不同，而是認為零售必須要讓生產者、消費者和零售業者都獲得利潤。如果不停拉低售價，就會造成品質下滑或讓生產方難以生存；反過來說，加上的成本和利潤越高，對消費者來說就越不利，因此艾多美致力於將內部的成本最小化，實施盡可能減少不必要成本的「剃刀式經營」。此外，由於人力成本在成本當中占最大比重，艾多美採用能提升職員效率的方式將人力成本最小化。艾多美的每人年銷售額在2019年達到55億韓元，比同業甚至是一般大企業都還高。從統計上來看，即便只有目前一半的人力，公司依然可以正常運作。

以速力和方向達成的「速度」

正確的方向加上速力就能達到想要的速度。艾多美的事業講究的不是提升速力而是提升速度，因為朝著錯誤的方向加速的話，只會造成更大的損失。加快工作速度以提升效率並減低成本，是艾多美從創立初期以來就一直追求的方向。能流經水管的水量，與水管的直徑和水速成正比。也就是說，比起慢流速流經粗水管的水量，讓水用更快的速度流過細管子，就能提升流量。艾多美不是一味地讓管子變粗，而是讓流過水管的速度更快，用這樣的方式來提升投資效率。

隨著資訊傳輸系統的發展，無論何時何地，每個人都能透過電視和網路獲得相同的資訊。與人傳人的傳播方式相比，不管是傳播速度還是內容完整性都比以往高出許多。以前艾多美是憑藉人對人的資訊傳播，也就是所謂的病毒式傳播，在此基礎加上透過電視與網路系統的資訊傳播，讓艾多美擁有了符合全球市場的競爭力。但自從新冠肺炎爆發之後，零接觸（Ontact）已經成為市場新標準，艾多美也將所有研討會轉為線上舉行，快速應對外部環境的影響。

正義公平分配——「均衡」

艾多美創造出來的價值並不是憑藉艾多美自身就能實現的，這是與合作（合力）廠商*、消費者和整個社會建立起直接、間接的利害關係所實現的結果。我們堅持，一起實現的成果就必須一起共享。公平且均衡的分配會帶來二次回購並提升顧客忠誠度，進而帶動艾多美的持續成長。只要能打造能滿足消費者、直銷商（會員）、合作廠商等所有利害關係人的系統，就能成功實現利潤均衡分配。我們假設有個用不同高度的木板做成的木桶，木桶能裝多少水，取決於桶壁最短的木板，不管其他桶壁的木塊再高再深，都沒辦法裝載超過最短木板高度的水。這被稱為「最少量率」，是利潤均衡分配的重要要素。

* 意指「同心同力」的「合力」是強調彼此是共同體的用語，與強調個體的合作有不同的意思，體現出艾多美重視透過共生合力實現共同價值的理念。

經營管理

小實體大網路的公司，精實經營

What & Why

內在堅實的公司

艾多美希望能成為一家小實體大網路公司，我們將必要的資源放在對的地方以提升組織的效率，並透過創造出來的利潤為職員的幸福、顧客的成功、社會的發展作出貢獻，這是我們正在實現的遠大願景。對於必要的項目我們會大力進行投資，對不必要的開銷也會用最嚴格的標準進行管理。因為我們知道，如果企業想要走得長久，就必須讓內在更加堅實。金玉其外、敗絮其中的軟弱公司，只會讓眾人蒙受損失。若想遵守直銷事業的原則，就必須採用嚴格的「剃刀式經營」，像剃刀一樣審核產品成本與管理成本。透過剃刀式經營，艾多美一路以來得以實現絕對品質絕對價格的承諾。

How to

用最少的資源將效率最大化

用最少的資源將成果最大化，就是所謂的效率。艾多美的優勢是擁有專業少數精英人才、營運高效自動化系統，達到以一擋百的效果。雖然艾多美在韓國是年銷售額超過1兆韓元的大企業，但總部職員只有200多名。艾多美的銷售商品超過400種，每年要消化超過1,000萬件的貨量，與之相比，200名職員真的不算多。為好幾萬名直銷商支付每月6～7次工資的複雜工作也是由一位職員來完成，這名職員甚至還必須同時處理其他業務。之所以能做到，是因為艾多美構建了自動支付系統，只要資訊部門將計算好的公司資料傳送至銀行電腦並輸入支付日期時間，就能自動完成支付。

在向合作廠商訂貨的過程中，艾多美也果斷地去除了不必要的細節。艾多美在設定合理的庫存量後，商品的進貨便全權交給合作廠商來進行。得益於廠商能從系統直接確認銷售及庫存現況，合作廠商更能以此基礎規劃生產計畫並準時交貨。如此一來，艾多美和合作廠商都能達到降低成本的效果。

越嚴格越有價值的分享

在持續減低固定費用時，必須要區分簡樸和吝嗇的差別。艾多美並不是要求無條件節省，只要是工作上需要的開銷，不管多少都能夠接受，唯獨必須減少不必要的浪費，比方說空無一人的會議室是否忘了關燈、或是開冷暖空調時是否忘了關窗，必須確保在工作環境中沒有一分一毫的資源是被浪費掉的。

當我們用嚴格的標準來審視這些小地方，就會意外發現很多不合理的開銷。想成為成功的大企業，就必須更細心進行管理。把錢用在效率低的地方，就等於是把錢丟進垃圾桶一樣。減少使用成本並為貧窮的人做出貢獻，才能讓錢花得更有意義。也就是說，管理者的標準能有多高就必須有多高，唯有如此，才能實現更大規模的共用。

實現顧客成功與職員幸福、為社會發展做出貢獻的公司

一家金玉其外、敗絮其中的公司，絕不能說是真正的大公司，必須要成為內在堅實的公司才行。不僅要讓消費者過上更富饒的生活，還要讓直銷商愉快地經商、讓職員更加幸福、誠實納稅、盡量捐款，這才是我們追求的大企業的樣貌。雖說生產商品並創造利潤是企業的基本原則，但艾多美將社會價值擺在首位。艾多美期盼透過企業活動走出圈子，為整個社會帶來靈感，與所有利害關係人一同實現共同發展。唯有當我們樹立正確的企業文化並堅定實踐我們的想法與哲學，才能真正成為擁抱世界的大企業。

顧客的成功

人是終極目標而非手段

What & Why

艾多美的經營哲學

顧客必須成功，艾多美才得以成功。對艾多美來說，顧客並非經營企業的手段，而是我們追求的終極目標和方向。滿足顧客並讓顧客過上更豐饒的生活，是艾多美實現成功的基礎。而這裡所說的顧客，不僅是消費者和直銷商等外部顧客，還包括艾多美的職員和合作廠商。只有與艾多美有關的所有人都實現成功，艾多美才能算是真正成功。經營管理學教科書將企業的經營目的定義為創造利潤，大部分的決策也都圍繞著「利潤」打轉，是否能賺錢成了經營是否成功的重要判斷標準。雇用職員和製造產品時也都著重於是否能為公司帶來利益。但對艾多美而言，「人」，也就是「顧客」，是我們首要考量的要素，因為利潤是為了實現人的幸福而存在的。我們必須堅持的本質，無論在什麼情況下都不會改變。

How to

小牛哲學與小孩哲學

不能將顧客視為致富的手段。對艾多美來說，經營的目的是人，讓顧客實現成功是我們最大的目標。而我們之所以用一顆照顧嬰兒的心全心全意對待顧客，也是基於這個理由。畜牧業者全心照顧乳牛，其終極目的並不在牛，而是在於牛奶。他們並不是因為愛乳牛而認真照顧，而是重視乳牛能為他們帶來的經濟效益。

與此相反，父母照顧孩子並不是為了從孩子身上獲得什麼，只要孩子能健康長大、人生過得幸福，父母就會感到非常快樂。「小孩哲學」的核心，就在於將顧客的利益與成功視為最優先。艾多美只是消費者、直銷商、合作廠商和職員實現成功的途徑而已。這是因為遵循造物主的形象被創造出來的人類，不管在什麼情況下都無法成為手段，他們的存在本身必須是終極目標。顧客的成功就是我們的成功，這個道理不僅在韓國，在全世界都逐漸獲得證實。

遇見艾多美就是遇見成功的機會

與艾多美有關的所有人，都是艾多美的顧客。我們誠摯希望艾多美的消費者、直銷商和內部職員以及合作廠商等所有與艾多美一起做夢的人，最終都能實現成功。消費者的成功，就是用低廉的價格購買品質優良的商品並感到滿意。直銷商（會員）的成功，就是獲得工作的機會並得以維持生計，最終實現自己的夢想。

職員也能藉由組織來實現自己的成功。從「利潤」的觀點來看，如果一家公司的目標不僅僅是希望獲得比投資成本更大的利潤，而是甘願成為組織成員獲得成功的途徑，那職員便能安心與這家公司一起為成功而努力。企業必須為了人而存在，人絕對不是為了企業而存在。幸福的職員會為消費者努力貢獻，購買高品質產品的消費者便會成為艾多美的忠實顧客，如此一來，當有更多的直銷商能實現成功，艾多美便能跟著成功。成功帶來的快樂，不僅是顧客的幸福，也是艾多美的幸福。

Episode

業界首創專車配送服務

隨著線上平臺的交易量越來越大，配送的重要性與日俱增。艾多美為了透過安全且迅速的配送服務維持絕對品質，並提供消費者與眾不同的貼心服務與價值，在業界首次推出「專車配送服務」。所謂「專車配送服務」，意指艾多美專用快遞車輛只裝載艾多美會員訂購商品並進行配送的服務，該服務2021年時於濟州島開始實施，2022年已擴大至釜山、蔚山、大邱、光州、大田等5個廣域市、廣域市周邊的10個市與首爾特別市的25個區。

為了實現專車配送服務，艾多美在全韓國營運著三個物流中心（物流專門企業代替賣家根據訂單選擇商品、包裝、配送的服務）與十三個專車配送總站，另外，還以大數據分析所得到的模擬解決方案制訂優化升級的運輸計畫，並將其積極運用於專車配送服務方面。

除了配送地址有誤、收件人不在，以及山區、島嶼地區等物理因素以外，艾多美的專車配送服務的目標是100%隔日送達。此外，我們還努力減少因損壞而導致的配送事故發生。一般配送過程中，中途於物流中心卸貨進行分類、整理後發貨是必經的作業環節，而專車配送服務省略了這兩個步驟，僅由配送司機進行一次載貨與發貨作業，大大降低了包裹遺失、配送延遲等事故的發生率。另外還能最大限度地降低物流配送高峰期與物流系統大亂造成的影響，一整年都能維持配送服務的高品質。

可永續發展的環保政策也獲得巨大成效，不僅減少了裝載、卸載的作業量，亦可在使用更少的防撞包材的情況下大幅降低破損的危險。如此一來，我們約可節省80%的防撞包材用量，效果相當於一年減少416噸的碳排放量，與種植2,495棵松樹四十年所吸收的碳量相等。

會員們在艾多美專車配送服務的相關問卷調查結果中表示：「配送速度很快所以很滿意」、「包材垃圾大幅減少，資源回收時更容易了」、「看到艾多美配送車輛時覺得很欣慰也很高興」等，紛紛對該服務表示高度滿意。

艾多美專車配送服務一年需額外支出50億韓元。這正是目前尚無其他韓國國內企業提供專車配送服務的原因之一。艾多美的絕對品質也必須反應在配送服務的品質之上，艾多美認為，消費者透過專車配送收到絕對品質的產品後成為忠實顧客，經營者的事業發展得越來越好，公司自然能夠獲得成功。艾多美的絕對品質可說是一直延續到顧客家門前的一條龍概念。

流通的樞紐

將生產者與消費者的距離縮至最短

What & Why

成為全球零售的中心

　　艾多美將全球零售樞紐作為目標。樞紐就像是自行車的輻條彙聚的中心點，艾多美夢想成為零售的中心。尋找全世界符合絕對品質絕對價格標準的產品並進軍全球，艾多美採取的銷售網GSGS（Global Sourcing Global Sales）戰略就是為了實現這個目標而制定。艾多美是連接產品的生產到消費的零售樞紐，將掌握未來商務的強大競爭力。

　　艾多美正在走出直銷市場，與整個零售管道競爭，不斷堅定作為零售樞紐的地位。有句話說「天網恢恢、疏而不漏」*，艾多美的零售網路雖然看似稀疏，卻能網羅全世界所有消費者。

How to

競爭對手無上限

　　直銷的原理和流通業的本質是一脈相承的。去除「多層次行銷」、「直銷」等詞彙後，作為零售業，必須與大型超市、電視購物、網路購物業者進行競爭。在此情況下，核心競

* 謂上天的法網雖寬大稀疏，但絕不會因此疏忽遺漏。

爭力就必須是品質與價格。只要能用比其他零售管道更低的價格銷售更高品質的產品，就能在競爭當中獲勝。而不只是與零售業的競爭，未來還將進入與消費者競爭的時代。也就是說，像直購等消費模式，消費者不經過零售業者而是直接向生產者購買產品。我們必須意識到，包含消費者在內的所有行業都可能會成為我們的競爭對手，並提早做好準備。

邁向全球零售樞紐的GSGS戰略

艾多美的終極目標是成為全球零售樞紐，為此，光把韓國產品銷往全世界是遠遠不夠的。我們必須要能夠為全球消費者提供絕對品質絕對價格的產品。因此，我們樹立了GSGS戰略。我們到艾多美已進軍的國家和地區尋找具有高品質國際競爭力的產品，並透過艾多美的零售網路將其銷往全世界。艾多美進軍的國家越多，就越能透過GSGS戰略擴大市場與供應商。一旦GSGS戰略獲得成效，艾多美的海外法人就能在當地尋找商品並將其銷往其他國家，進而成長為綜合零售法人。透過GSGS戰略，消費者能在艾多美購買到意想不到的全球優質商品。GSGS戰略是使艾多美進化為全球購物平臺與零售樞紐的核心戰略。

超一流企業

超越一流成為超一流企業

What & Why

成為超一流企業並非選擇而是必需

超一流企業不能只停留在銷售多寡或企業規模，而是必須持續為社會提供價值。除了顧客之外，必須獲得直接與間接利害關係者的支持與愛戴，並為其帶來成長，這樣才算是真正擁有超一流企業的資格。從企業的觀點來看，必須實現可持續經營並成為讓組織成員想繼續為其工作的公司。此外，在社會發展方面也必須做出貢獻、獲得共同體的信任。

艾多美從創業初期開始便追求成為超一流企業，這不是選擇而是必需，唯有成為超一流企業才能避免公司的生存受到威脅。在資訊鴻溝幾乎不存在的當下，若不成為第一就沒有任何意義，因為在資訊被透明公開的社會裡，要勝過第二、第三並拔得頭籌穩坐第一，是一件非常不容易的事情。不是與他人競爭，而是與自己競爭，不斷樹立屬於自己的標準與秩序。唯有掌握他人無法超越的競爭力，才能成為Only One、成為超一流企業。

How to

通往超一流的千里路，從零售競爭力開始

艾多美的本質是連接生產者與消費者的「零售業」。做好零售業的本質，就是通往超一流企業的捷徑。如果零售業者能用比生產者直接銷售更低廉的價格銷售優質商品，就可以說是達到零售業最理想的狀態。如果還能將創造出來的利潤回饋給消費者和銷售代表，就能讓他們的生活變得更加富裕。作為公司內部顧客的職員也不例外。如果能在做好工作的同時維持生計並獲得成就感，那就是最讓人感到幸福的職場了。超一流企業還必須能為社會帶來正面影響力，賺得越多，就越該確實繳稅、為國家經濟做出貢獻，並透過捐款來幫助他人。創造出前所未有的新價值並讓人們變得更幸福，這就是超一流企業的樣貌。

一流與超一流之間的差異在於成員之間的化學反應

一流企業是有能力的職員齊聚一堂創造出來的。當組織裡的頂尖人才越多，就越有機會成為一流企業。但若想成為超一流企業，光凝聚卓越人才是遠遠不夠的，必須要讓人才能夠相互影響並發揮加乘效應。物理性的結合只會帶來可預測的結果，就像『1+1=2』一樣，輸入和輸出是非常明確的，而超一流企業必須比這樣的企業更加優秀。這樣的優秀，並不是憑藉幾位人才就能達到，而是必須讓成員之間出現化學反應才行。

也就是說，組織必須要像身體、像一個神經網一樣緊密相連、運作。聰明的人才只顧完成自己的份內工作，是無法讓企業躍升為超一流企業的，而是必須思考自己的工作該如何與身邊的同事、直銷商、顧客等結合並加以實踐，才能達到這個化學反應。各司其職的每位職員即是這個化學式的最佳催化劑，當創造出驚人成果時，企業才能真正成為超一流企業。

以活著的神經網相連的超有機體．超思考體組織

企業就像是一個活著的神經網，為了生存與發展，會透過神經網不斷收送資訊。此外，還會透過感知力發現阻礙生存的要素。超一流企業不只是單純的有機體，而是「超有機體」（Superorganism）。為了維持最佳生存條件，超有機體必須不斷提升自我。不只是追求不斷的改變，而是進化到實現完全的「變態」（Transformation）。因此，敏銳的感知功能比什麼都還重要。每一位成員都必須成為感知器官，搜集並傳達驟變環境中的資訊，快速應對充滿不確定性的經營環境。超一流企業不僅是超有機體，還必須是「超思考體」，讓想法能像感官一樣快速交流。超思考體指的是透過不斷溝通的神經網使想法流動。當成員能相互交流並共用想法時，企業就能做出最好的決策。若企業能時時刻刻保持敏銳，像一個單一生命體一樣做出行動，就能在市場上生存，反之亦然。

Episode

連續兩年榮獲「最佳百大職場」的韓國大企業

職員票選出最讓人想待的公司？

艾多美「玩累了再工作」

榮獲「韓國最佳職場」的公司……
強調自由座位與職級制等水平組織文化

艾多美連續兩年榮獲「韓國最佳職場」大獎。

全球職場文化權威機構卓越職場研究所（Great Place to Work®，GPTW）主辦的「2020年韓國最佳百大職場」以及「2021年韓國最佳百大職場」選拔中，艾多美於銷售流通企業領域榮獲大獎。朴韓吉董事長更是連續兩年被選拔為「韓國最受尊敬的24名CEO」。2022年9月躍升「亞洲最佳職場」中小企業領域的第二名。最佳職場認證是選定富有愉快的工作環境以及實踐信任經營的企業，給予認證的制度。GPTW韓國透過一整年的時間，經由第一次信任經營指數診斷和第二次企業文化評價，選出最終獲獎企業。

GPTW與美國、日本、中國、歐洲、中南美國家等全球70多個國家與地區共同研究與傳播信任經營。除了美國《富比士》雜誌每年選出的「最讓人想待的百大企業」之外，還在70多個國家與地區以相同方法進行分析並選出各國的獲獎企業。「最讓人想待的公司」指的是從組織成員觀點來看，對上司與經營團隊的信任（Trust）、對工作感深感驕傲（Pride）、工作時同事之間的樂趣（Fun）較高，讓人想全心全意投入工作的優秀企業。

而其中，艾多美的信任經營指數尤為卓越。GPTW有關人士指出「信任經營指數代表職員對經營者的信任度高，也就是說對公司非常感到自豪。評價標準以公司內部職員的評價為基礎而非主辦方的評價，標準可謂非常客觀且準確。」

此外，艾多美也獲選為「職業婦女最佳職場」以及「千禧世代喜愛的職場」。

消費者中心經營

為顧客向公司爭取利益，而不是為了公司與顧客爭吵

What & Why

顧客是艾多美存在的理由，也是艾多美最寶貴的資產

顧客是艾多美存在的理由，艾多美所有的決策原則與標準都是來自於顧客。我們不只是停留在銷售與購買產品的關係，而是將顧客的價值作為經營的最優先順序，提供所有有關艾多美的完美體驗。此外，我們仍持續改善產品與服務的水準，只為了將消費者的權益最大化。

2009年創立後，艾多美便持續致力於創新，以職員、顧客為優先，於2019年12月在直銷業內首先獲得以顧客為中心的經營（CCM，Consumer Centered Management）認證。並於2021年12月再次榮獲CCM認證，是業界首度也是唯一的紀錄。CCM認證是審核企業是否從消費者的觀點出發，以消費者為中心安排企業所有活動，並持續改善經營活動的一種制度。艾多美獲得CCM認證，就是展現了直銷行業也能實現消費者中心經營的最好案例。

How to

積累信任資產

顧客是艾多美最珍貴的資產，然而顧客的信任並不是短時間內能得到的，因此，必須為顧客展現一如既往的樣貌，並

持續陪伴顧客直到最後。心有餘力的時候任誰都能表現得好，真正的重點在於，相互利害關係發生衝突時，要用何種價值觀去解決問題。當我們抱以算計的心態去處理與顧客的關係，彼此的信賴就會在一瞬間瓦解。不要為了公司跟顧客吵架，要為了顧客向公司爭取權益，當顧客獲利，公司才會跟著獲利。當職員為顧客做出決定，公司就有遵守約定的必要，遵守約定等同於面臨損失也在所不惜。一直以來艾多美都堅持遵守與顧客之間的約定，即便公司可能面臨損失，也絕對不會讓顧客吃虧，只有用這樣的信念實踐消費者中心經營，我們的信賴資產才能持續積累。

這對顧客來說是否有幫助？

當面臨難以抉擇的狀況，我們會想到「這個決定是否對顧客有益？」、「是否能解決顧客的問題？」無論是再小的決定，都必須要能減少顧客的損失、解決顧客的不便以使顧客的利益和滿意度最大化。為了找到解決問題的鑰匙，首先要準確掌握顧客的需求。我們必須要從顧客的立場出發去看待問題，而不是用艾多美職員的視角出發，看待問題的角度不同，眼前的風景也將大不相同。不要只用頭腦思考，要深入顧客所在立場去親身感受，唯有用心觀察顧客的需求，才能真正找到答案。我們所做的決定及每個行動，都必須為顧客著想，堅持這個原則才是我們該守的本分。

Episode

業界首獲消費者中心經營認證

艾多美於2019年12月獲得消費者中心經營（CCM）認證，在直銷業當中創下先例。並且於2021年12月通過每兩年一次的再認證評估。CCM認證是確認企業執行的所有經營活動，是否以消費者為中心構成，並持續改善相關經營活動的國家公證制度。而再認證是獲得CCM認證後，企業的營運比起初次認證時，需要更強化以消費者為中心的經營與改善，且持續提升顧客服務，才能獲得的優異認證。艾多美獲得CCM認證證明了直銷企業也能實現消費者中心經營，為業界的發展帶來正面影響。

CCM認證是評價與認證一家企業是否站在消費者立場思考、是否以消費者為中心進行活動的制度。由公平交易委員會認證，並由韓國消費者院（Korea Consumer Agency，KCA）負責相關教育、評審、評價。CCM認證旨在營造企業與機構的消費者至上經營文化、透過增進消費者權益強化競爭力、為消費者福利做出貢獻等。

CCM認證制度始於2007年。截至2022年6月1日，只有212家公司（大企業105家、中小企業66家以及公家機關41家）獲得認證，評價標準非常嚴格。要獲得CCM認證，企業必須先在一年裡接受公平交易委員會指定的相關教育至少10小時以上，而且不得在最近兩年因違反訪問銷售法、電子商業法、分期交易法、標示廣告法等消費者相關法律與公平交易法第19條（禁止不當共同行為）、第29條（以同價重售行為）而受改正命令以上處分。此外，向消費者提供未證實科學或客觀效果的產品或服務或有提供可能性者、違反社會風俗或對公共秩序有害時也將被排除在認證對象外。

此外，還必須樹立包含消費者心聲（Voice of Customer，VOC）、針對消費者客訴進行預防與事後管理在內的消費者中心營運體系，並於領導力、CCM體系、CCM營運、績效管理專案等獲得評審團評價分數總分超過800分，每一項分數必須為80%以上才能獲得CCM認證。

艾多美從2009年創立以來就一直堅持以消費者為中心的經營，現在艾多美則以「顧客的成功」為經營首要目標，以「顧客是艾多美最珍貴的資產」這一經營目標和社訓堅持以消費者為中心的經營。CCM認證就代表著艾多美的努力已經獲得了相關機構的正式認可。

艾多美將以獲得CCM認證為契機，提升對消費者權益的認識，並致力於與消費者直接進行溝通、擴大與消費者各方面的共鳴，挖掘並強化職員的CCM能力。

環保經營

拯救地球的「藍色海洋專案」（BLUE MARINE）

What & Why

地球是我們向後代子孫暫時借用的

環境保護是企業活動不可或缺的一環，過去為了貪圖便利而犧牲環境的作法，如今就像迴旋鏢一樣回擊著我們，讓我們付出沉痛的代價。新鮮的空氣、乾淨的水、青翠的樹林與純淨的大海並非萬年不變，需要我們細心愛護才能長存。塑膠垃圾與碳排放量越來越多、生態系崩潰等，正透過氣候巨變與微塑料*氾濫的形式威脅著我們的安全。

艾多美認為「地球並非我們所擁有，而是我們暫時替後代子孫保管的珍貴資源」。為了將來能以最佳的狀態歸還給他們，艾多美制訂了「藍色海洋專案」，採用環保經營方式，如：著手研發環保產品、將原有包裝容器更換為環保材質、舉辦淨灘活動等，透過各種活動竭誠打造可永續發展的環境。

How to

艾多美的環保專案「藍色海洋」

如今我們身處的時代，環保已不再是選擇而是一種義務，艾多美相當認同這個概念，因此，為了打造永續發展的未

---

* 微塑料（Microplastic），被廣泛稱為「塑膠微粒」，但不僅限於「顆粒」形式，而是指直徑或長度少於 5 毫米的塊狀、細絲或球體的塑膠碎片。

來，艾多美正在進行「藍色海洋專案」。海洋平衡氣候、供應氧氣，80% 的生物都以海洋為家，可不論您家離海邊有多遠，家庭廢水、工業廢水最終都會隨著排汙設備送到大海，令海洋遍體鱗傷。艾多美的環保專案因蘊含欲拯救大海之意而被命名為「藍色海洋專案」。「藍色海洋專案」具有三大願景，即「零塑生活」、「引領全球環保文化的推廣」與「透過資源再生復原海洋環境」，目前正進行著與三大願景相呼應的各種環保活動。

零塑膠化

為了實現「零塑生活」，艾多美致力於將原有產品更新為符合環境安全的產品，並努力研發環保產品。艾多美的牙刷包裝盒中的內襯托盤更換為紙托盤、去除了100%海洋深層水的標籤膜等，透過一系列的產品更新，一年減少363噸的塑膠用量。努力朝零塑膠邁進的艾多美，在物流系統的改革更是獲得了豐碩的成果。為了不在物流的作業過程中使用塑膠，艾多美將包裹的塑膠防撞緩衝包材與膠帶等更換為100%可再生利用的紙質材料，一年成功減少約230噸的塑膠用量。此外，也將雙層結構的化妝品容器改為單層結構，並去除包裝盒上的塑膠包膜，同時將箱子的把手改為組裝式把手。

引領全球環保文化的推廣

艾多美為了「引領全球環保文化推廣」，正努力宣傳環境保護的重要性，並引導民眾付諸實行。首先，艾多美舉辦了人人皆可參與的「全球藍海創意大賽」，該活動兩年舉辦一次，除了能挖掘出擁有嶄新創意的全球人才，讓他們用創意改善環境問題，亦支援獲獎作品的研究與實行。此外，艾多美還經營「藍色海洋志願者」專案，該專案無論是艾多美的會員或非會員，任何對環境保護活動感興趣者皆可參與。志願者們透過社群媒體分享零浪費、零塑膠、資源再生與環境復原等艾多美的藍色海洋專案活動。此外，目前艾多美正在推行「環保文化專案」，讓環境問題變得更為平易近人——推出藍色海洋拯救者動漫人物，藉此介紹藍色海洋活動、製作環保動畫等，希望以此獲得全世界的共鳴。

透過資源再生復原海洋環境

艾多美為了實現「透過資源再生恢復海洋環境」的目標，正努力回收可再利用物品與實踐零浪費原則，為此，艾多美展開了各式各樣的活動，如：全韓國800個單位共同參與空瓶回收活動、使用不需要的牛仔褲製成環保杯套等將產品升級再造的「藍色牛仔褲活動」（Blue Jean Campaign）等。公司餐廳裡，為了減少廚餘而推行「光盤運動」，亦舉辦會員與艾多美職員一同清掃海邊環境的「淨灘活動」等。此外，辦公大樓裡設有身障人士與一般人共事的社會企業咖啡廳，這家咖啡廳正在進行杯子重複使用等活動，目前已獲得成效，該店不再使用任何免洗餐具。

Episode

打造「環保智慧包裝解決方案」以實現永續發展的未來

物流業並非都得被迫使用大量的包材，艾多美潛心探討能夠減少塑膠包材並防止過度包裝的方法，後來更與配送業者攜手合作，實施「環保智慧包裝解決方案」。

艾多美為了達成「截至2030年止減少塑膠用量50%」的目標，將保護商品不受外力衝擊的包裝箱內部塑膠緩衝包材全部改為紙製品，除了填充箱內空間的緩衝防撞材以外，保護單件商品所用到的個別包裝材料也全部改為紙製材料，100%能回收再利用，此外，製作箱子與隨附包裝時所使用的膠帶也改為紙膠帶。據估算，使用環保包材一年約可減少230噸的塑膠垃圾排放，若將節省下的緩衝包材與膠帶連接起來，長度約達19,000公里。

為了節省包材的使用，包裝過程也必須變得更為先進。系統會根據訂購的資訊推薦適合的包裝箱尺寸，並透過高科技的紙箱成型機製作包裝箱，工作人員按照訂購單放置商品後，透過視覺掃描機（Visual Scanner）測定箱中空間，並計算出所需緩衝材的量，之後以自動填充機放置緩衝材後，根據包裝箱的尺寸進行自動封箱作業。

比起手工作業，採用先進設備優化包裝過程後，包材的使用量大幅減少，雖然投入了不少資金，研發過程也花費了不少心血，但與眼前的利益相比，艾多美選擇更美好的未來。艾多美十分推崇「要竭盡所能將乾淨的地球留給後代子孫」的理念，未來將持續透過零塑料與減少包材的使用來應對氣候危機，引領大眾一同打造能永續發展的環境。

讓大海恢復乾淨面貌！環境淨化活動「淨灘」（Beach Clean-up）

海洋垃圾會破壞海洋生物的棲息地，讓生物吃下塑膠微粒等，進而威脅海洋生態系統。此外，海洋垃圾中，漂浮物亦是船舶事故的原因之一，陣陣惡臭破壞了海洋景觀，甚至會降低海洋的觀光價值。汙染大海的海洋垃圾中，有65%來自陸地，作為艾多美「藍色海洋專案」的一環，目前正進行環境淨化活動——「淨灘」。

2021年10月，艾多美二十、三十歲會員所成立的組織——「青年領袖俱樂部」（Young Leaders Club）與公司職員一同到韓國蔚山的日山海水浴場展開「淨灘」活動。艾多美的會員們一手拿著長夾，另一隻手提著大型麻布袋，在海邊撿空寶特瓶與各種食物包裝紙，以及塑膠碎片、瓶蓋、菸蒂、撕破的餅乾包裝袋等嚴重危害海洋生物的小垃圾，把海邊打掃得乾乾淨淨。淨灘活動讓參與的艾多美會員與公司職員了解到海洋垃圾對環境造成多大的危害，也讓人體悟到海洋的珍貴。未來艾多美將會繼續舉行「淨灘活動」，努力保護海洋生態環境。

舉辦「全球藍海創意大賽」

作為藍色海洋專案的延伸項目，艾多美舉辦了全世界人人皆可參加的「2021全球藍海創意大賽」，該競賽旨在聆聽關注環保議題的各界人士所分享的寶貴意見，並以「零塑膠」、「引領全球環保文化的推廣」、「透過資源再生復原海洋環境」為主題的環保創意，反映於藍色海洋活動而企劃。

獲得優勝的作品提出了相當新穎的資源回收解決方案——「利用擴增實境（AR）技術提供垃圾分類導覽服務」*，該提案不僅可行性高，而且完全符合藍色海洋專案的三大願景，因此獲得高分。優勝作品的作者洪端雅（音譯）與李尚閔（音譯）在說明作品創意帶來的期待效果時，如此說道：「最近人們在評價企業時，除了衡量產品的品質以外，還會看產品是否環保，若將擴增實境技術的垃圾分類導覽服務用於艾多美的產品上，有望能讓其回收再利用率超越其他公司，進而讓艾多美的產品在市場上擁有更雄厚的競爭力。」

行銷領域的優勝作品提案為「艾多美消除海洋垃圾競賽」，是一項海洋垃圾回收運動比賽，回收最多海洋垃圾者即為贏家。而產品領域的優勝作品則是將包裝盒與容器合二為一的「紙箱瓶」（Atomy Paper Box Bottle）；內容領域的優勝作品是圖畫書《沉默的海洋》（HyeYang），該書能讓大眾意

---

* 利用擴增實境（AR）技術提供垃圾分類導覽服務，即是在講解垃圾分類／回收時，並不是使用寫滿字的印刷品，而是借助影像講解來輕鬆傳遞資訊。不少民眾垃圾分類時不知道怎麼分，這時只需透過手機相機拍上想要分類的產品，待手機識別產品後，擴增實境（AR）就會即時提供產品各部件的垃圾分類／回收導覽服務。

識到海洋汙染的嚴重性，也能引導民眾發揮身體力行做環保的實踐精神。在創意大賽中獲獎的得獎者都能夠體驗艾多美正在研發中的環保產品，亦獲得能夠在嶄新的創意激盪空間——艾多美Park參觀的機會。

未來，艾多美將進行更多諸如「全球藍海創意大賽」等所有民眾皆可參與的開放型合作活動，透過環保產品企劃或產品構思，將原本產品改為環保產品、拯救海洋共同企劃與共同專案等，持續將關愛生命的大眾所提出的新穎想法應用於產品與公司經營上。

個人事業平臺

提出符合時代需求的全新零售格局

What & Why

得以無限擴張的艾多美樞紐的未來

艾多美的APPB（Atomy Personal Platform Business）使會員從單純的消費者晉升為連接無數消費者的平臺。艾多美會員不僅是消費的管道，也是打造艾多美這個巨大零售系統的主體。透過將平臺獨占的零售市場分散到個人事業平臺，就能讓會員創造附加價值並成為受惠者。參與其中的會員越多，創造出來的附加價值就會呈現幾何級數增長（倍數增長）。這就是艾多美個人事業平臺商務的成長動力。

艾多美的個人事業平臺商務以絕對品質絕對價格的產品和教育系統、GSGS戰略、會員之間的人脈網路為基礎，向全世界不斷擴散。艾多美讓平臺上的會員在全球市場上積極參與，並幫助他們創造出附加價值。也就是說，向會員提供平臺的艾多美是平臺的擁有者，會為消費者提供服務，而會員透過個人事業平臺不斷創造出來的新價值，則會依據透明公開的獎金制度（磁鐵板系統）重新分配給會員。

How to

每個會員都能自由使用的平臺

個人事業平臺是每一位艾多美會員都能自由使用的個人平臺。艾多美提供的基本平臺加上會員的內容之後，不需要資本和技術也能實現平臺商務。個人事業平臺是將原本集中於線下的商務活動積極轉移到線上，可不受時空間限制與消費者互動、介紹產品並推銷個人事業平臺的使用。不僅如此，還會持續提供新產品宣傳、回購提醒以及其他商品推薦等提升銷售的自動提示服務。個人事業平臺的擁有者透過艾多美絕對品質絕對價格的產品提供合理可靠的消費體驗，且可經由個人事業平臺創造出的附加價值獲得經濟效益。這是艾多美個人事業平臺商務在一般零售競爭中，別具優勢的獨特差異。

個人事業平臺「分分合合」的力量

個人事業平臺在艾多美打造的物流系統最前線主導與消費者的連結。藉由個人事業平臺，會員不只是一個零售系統的終端，而是可以透過與無數消費者相連的平臺創造出收益。包含電算、配送、教育訓練、結帳等功能的艾多美整體系統，為消費者帶來無數商品與服務。透過這樣的方式，讓以往以平臺為中心的銷售，能分散到眾多會員的個人事業平臺上。而這些個人事業平臺，是艾多美成為全球零售樞紐的重要原動力。艾多美希望透過個人事業平臺，打造有益於消費者與生產者等所有人的良性循環生態。龐大平臺周邊如細沙般堆積的消費者隨時可能散去，但在APPB，把支出變成收入的向心力與上線和夥伴的組織力能讓更多人成為忠實顧客。個人事業平臺提出符合時代的商務需求創造出全新的零售格局，將隨著時間的流逝，APPB的作用會越來越大，效益更加顯著，顧客忠誠度也會隨之變高。

隨著時間越來越強大的磁鐵板系統

個人事業平臺的競爭力是由絕對品質絕對價格的產品和使用者口碑打造出來的。艾多美堅持用低廉的價格銷售高品質產品，讓消費者毫不猶豫選擇使用艾多美。此外，我們不會藉由大眾媒體打廣告，而是把經濟利益提供給願意幫艾多美推廣、傳達產品的會員。使低價高品質的產品所獲得的利益，以及介紹並傳達產品所獲得的經濟利益讓艾多美、會員以及消費者之間的關係變得更加緊密有效率。此外，我們還擁有絕對品質絕對價格的競爭力，讓消費者像相互吸引的磁鐵一樣，絕對離不開艾多美。這就是艾多美個人事業平臺商務前景無限的最大原因。

透過XR實現直銷新常態

當前，有許多線下的事物正在慢慢轉移到線上，但艾多美從很早以前就開始未雨綢繆做足準備。讓人始料未及的全球傳染病出現之後，也使商務新標準更快誕生。為了快速因應市場變化，艾多美還規劃推出包含VR（虛擬實境）、AR（擴增實境）、MR（混合實境）在內的XR（Extended Reality延展實境）與商務進行結合。更進一步，艾多美計畫結合元宇宙（Metaverse），在無限的虛擬空間中，克服時間、空間的制約，進行艾多美各項事業活動。在全世界艾多美忠實粉絲朝聖的艾多美PARK導入3D模組，在虛擬空間中具體呈現艾多美PARK，讓觀覽者無論何時何地都可以體驗。而且，為了使體驗及消費產品過程流暢，艾多美透過結合UX（User experience使用者經驗）來讓體驗者進一步暢遊於元宇宙。在未來，透過AI系統可以直接與消費者進行溝通、在虛擬空間裡握手拍照。不僅如此，甚至是人與人之間互動（Human Touch）、傳給消費者的溫暖及感性，也能透過元宇宙實現。到了融合數位的便利及原始情感的那一天，艾多美將占有一席之地。

全世界

便宜好貨在世界各地都吃得開

What & Why

受全球消費者信賴的艾多美

艾多美是一家自創始以來便以零售樞紐為目標的韓國在地直銷企業，現在艾多美正逐漸成長為名副其實的世界級綜合零售企業。2009年誕生的艾多美創立十二年後，展現爆發性成長，2021年全世界銷售額2.2兆韓元，躍升進為全球直銷企業排行Top 10，海外銷售額甚至逆轉國內銷售額，獲得一般出口商也難以達成的忠清南道最高金額「三億美元出口塔」大獎。2022年9月，已挺進美國、加拿大、日本、中國、新加坡、柬埔寨、印度、巴西等24個海外市場，接下來預計是烏茲別克、吉爾吉斯，以及蒙古。

艾多美秉持著「絕對品質絕對價格在世界各地都吃得開」的信念，成功走出韓國、邁向全世界。而絕對品質絕對價格的精神在國外也發揮了極大的效果。艾多美海外法人已經不只是銷售韓國商品，目前正透過當地商品開發艾多美的全球銷售網，推動GSGS（Global Sourcing Global Sales）戰略。艾多美與直銷商透過齊心合力的精神成為了超有機體，共用彼此的經驗與知識，不斷擴大自身版圖，也就是說，各國的大眾精品得以經由艾多美銷往全世界。

How to

用「艾多美製造」開拓全球市場

艾多美以成功進軍海外市場為基礎，成為了直銷業界有史以來最成功的出口企業。2011年首獲「500萬美元出口塔獎」之後，2013年再度獲得「1,000萬美元出口塔獎」後，就從未缺席過該獎項，分別為 2015 年的 2,000 萬美元、2016 年的 3,000 萬美元、2017 年的 5,000 萬美元、2018 年的 7,000 萬美元和 2019 年的 1 億美元，到了2021年更是榮獲「3億美元出口塔大獎」，可謂忠南出口界的堅實企業。在全球擁有1,500萬名會員的艾多美，在海外市場也備受認可。開拓艾多美海外市場的先鋒，不是「人」而是「產品」。當初我們並不是先選定國家就馬上進軍市場，而是在開始使用艾多美產品的國家成立艾多美海外公司，以這樣的方式來開拓海外市場。跟著產品的流動選擇要進軍的市場，是韓國直銷企業中絕無僅有的案例。艾多美的產品已經不僅是「韓國製造」，而是進一步成為實踐絕對品質絕對價格的「艾多美製造」。

對當地能帶來多少助益

艾多美在進軍海外市場時，會先考慮能對當地帶來多少幫助。因為對艾多美而言，進軍海外市場並不是只為了銷售產品，而是因為消費者是艾多美的顧客與家人，必須能實現共同成長的目標。因此，在進軍當地時，為了顧客的成功，必須先先思考艾多美該做什麼事。艾多美的GSGS戰略也是為了對當地經濟發展有所助益而存在，不單只是為了海外分公司而已。此外，艾多美海外分公司也成為了艾多美在全世界擴大版圖的重要橋頭堡。包含臺灣和馬來西亞在內的「艾多美Atomy Run公益路跑」等，為了幫助全世界有困難的人而舉辦的活動，都在告訴我們艾多美的分享文化已透過海外分公司在當地落地生根。

無論身在何處，艾多美最先追求的都是顧客的成功。想幫助顧客成功，必須先掌握顧客的需求。最有效的在地化良方，就是從思考怎麼做對當地人最有幫助的事開始。艾多美誠實且正面的在地化戰略成功讓艾多美在世界各地落腳。

Episode

最先獲得海外認可的艾多美全球成長戰略

2019年11月19日，在墨西哥的首都墨西哥市，朴韓吉董事長出現在「世界直銷協會聯盟」（World Federation of Direct Selling Association，WFDSA）最高決策機構「WFDSA CEO Council」會員的面前。WFDSA CEO Council是由安麗（Amway）、賀寶芙（Herbalife Nutrition）、玫琳凱（MaryKay）、如新（NU SKIN）等全球26家直銷企業的總裁組成。

朴董事長在2019年4月，正式成為WFDSA CEO Council會員，是韓國在地直銷公司中，第一位成為WFDSA CEO Council會員的最高經營者。他不僅代表艾多美創始人和CEO，還是韓國直銷產業協會（Korea Direct Selling Industry Association）會長，與銷售規模超過1兆韓元的全球直銷大企業CEO平起平坐。

這天，朴董事長在現場分享掀起全球直銷業新趨勢的艾多美成功案例。在眾多資深同業面前，朴董事長大方地公開了艾多美的成功經驗。不少人對透過占產品進價和獎金制度等銷售額80%的絕對品質絕對價格戰略獲得成功的祕訣，感到非常好奇，一開始台下的人們也抱持著半信半疑的態度，不過當聽到艾多美致力於將成本最小化，並將所有資源用在提升品質後，便開始詢問該如何將同樣的方法套用在自己公司上。

演講結束後，接著來到了晚餐時間。在朴董事長來到用餐地點，準備開始用餐時，某個人將手放到朴董事長的肩上，那個人就是安麗的會長理查・戴弗斯二世（Richard Marvin DeVos Jr.）。

「方便一起用餐嗎？我對您剛剛分享的艾多美成長戰略有些問題想請教。」

兩個人在用餐期間，針對艾多美的成長過程與直銷業界所處的現況分享各自高見。朴董事長還曾在2018年舉行的澳洲直銷協會論壇上，在200多名澳洲直銷企業CEO面前分享了直銷的未來願景。當時的澳洲直銷協會主席吉里安・特普爾頓（Gillian Stapleton）表示「朴董事長的演講展現對業界的深刻洞察力與值得借鑑的領導力，給人留下深刻的印象。」並說「他還提到，直銷同業必須走出純競爭模式，掌握不亞於優惠商場、線上購物、電視購物的競爭力，才能擴大直銷的版圖。我認為這是非常鼓舞人心的全新想法。」

艾多美作為直銷業的後起之秀，正在全球舞臺上不斷擴大自身領導力。十年以來，艾多美秉持相同信念實現成長，期待往後十年，全球市場上會有更多相同的成功案例。全球艾多美的起點，就從現在開始。

夢想天鵝

清晰明確地刻畫夢想一定會實現

What & Why

讓做夢的人實現夢想的家園

　　「夢想天鵝」指的是所夢想的未來不是只停留在想像，而是化為了現實。艾多美讓醜小鴨時期的直銷產業搖身一變，成為美麗的天鵝。對我們來說，夢想不是遙不可及的目標，而是必須實現的信念。若想實現夢想，就必須好好做夢。無論眼前面臨什麼樣的困難，都要懷抱不願放棄的決心。無法實現夢想的原因，並不是能力有所不足，因為當我們擁有非實現不可的夢想時，就會產生原本沒有的能力——對於夢想的渴望讓我們得以繼續生存、獲得不斷挑戰的能量。未來，正等著我們去創造。對艾多美而言，做夢不是自由，是一種義務。

How to

為成功做出具體計畫

　　若已經設定了目標，就必須將目標細分得更具體，不能只停留在抽象的概念。必須像拍攝一部電影般，將未來自己想成為的樣子描繪出來。當我們設定好自己想過的人生，人的身體就會跟著有所反應，因為人們的想法會成為我們邁向成功的最大動力。擺脫時間的束縛，寫下往後兩年、三年、十年的人生分鏡腳本，原本模糊的夢想就會變得更加清晰，所以，明確自己的目標，將目標量化是非常重要的。要為目標設定期限和達成期間，設定具體的數字。如果目標太過模糊，就容易失去方向和前進的動力。

把夢想告訴身旁的人

若已確實設定好願景與目標，接著就要勇敢向身邊的人大聲宣告。雖然腦海中的想法屬於自己，但只有在告訴身邊的人的時候，才會產生責任、才會變得重要。當我們能勇於向家人、親友、同事等身邊的人分享，夢想就會變得更強大。即便一開始可能充滿許多不確定性，只要不斷反覆向他人講述，就會發現美夢一點一滴在成真。有人會擔心「說得到、做不到怎麼辦」、「目標是否太不切實際」，也會因此受到他人懷疑，但只要我們肯持續突破難關，不斷向前，原本持反對意見的人也終將為我們喝采。

懷抱面對恐懼的勇氣

面對未曾踏上的道路，人通常都會感到害怕，可是，成功只屬於有勇氣的人。當我們宣布一個遠大的目標，心裡會產生希望，當然同樣也會出現恐懼。真正的勇氣，不是無視恐懼，而是正視恐懼。過去，艾多美存在於容易失敗的環境當中——作為直銷業的後起之秀，要改變大眾對直銷的認識其實並不容易，但艾多美並沒有向逆境與障礙低頭，而是化險為夷，並實現了今日的成就。相信渺小的可能性並勇敢挑戰的人，就能獲得名為「成功」的勳章。

用充滿信任的視角看見的未來

信任是肉眼所無法看見的實態。肉眼可見的現象、已經被驗證的事實，是任誰都能相信的。而艾多美這個組織相信肉眼不可見的未來願景，並不斷前進，懷抱對自身選擇的堅定信念，並將充滿不確定性的願景化為實態、化為真正的結果，正是我們面臨的課題。為此，我們必須把未來要實現的事情帶到現在，並將其當作生活的動力。我們計畫的、樹立的未來，絕對不是遙不可及的。不要錯過即將到來的未知的可能性，必須努力過好每一天，用充滿信任的視角去看，就能清楚地看見未來。越是相信，就越可能將成功化為現實。

Episode

艾多美的夢想絕不僅僅是場夢

「加入艾多美，就能讓你住上城裡最大的房子，還會送你一台最高級的轎車！」

這是朴韓吉董事長在第一場艾多美研討會上說過的話。但當時艾多美還沒有一個像樣的辦公室，朴董事長甚至得用二手小貨車載貨，聽到朴董事長的這番話，有些人還氣得直接離開。不過從客觀的角度來看，這聽起來的確像是不可能實現的空頭支票。然而，當時相信朴董事長的話，以天馬行空的想法為基礎努力做夢的人，到後來真的像朴董事長所說的，實現了巨大的成功。

艾多美從非常不起眼的一家小公司起步，跟現在的規模完全無法相比。當時根本沒有人願意對艾多美這家新生銷售企業進行投資，尋找直銷商也非常不容易。

當時，參加第一場研討會的尊王大師朴貞秀說：「一家一無所有的公司在這麼多人面前信誓旦旦地說要成為全球大企業、要給10億韓元的晉級獎金，誰會相信？」

然而當時，朴董事長充滿了「有憑有據」的自信。因為他知道三年後、五年後、十年後的艾多美會成為一家什麼樣的公司。與遠大的目標相比，擺在眼前的現實非常殘酷，但他完全不在意。對成功的堅定熱情與信念，帶給他正面突破恐懼的勇氣。他相信，只要有了明確的願景並腳踏實地，就能讓現實跟目標之間的距離越來越靠近。他不花時間擔心，而是仔細地計畫並制定具體的實行方案。

「在我宣布要給10億韓元獎金之前，我在家先量了100張一萬韓幣紙鈔的重量，換算出10億韓元的重量是110公斤。當時我就想，這麼重的東西該如何給呢？然後我立刻想到了堆高機，所以就宣布只要有人成為銷售最高職級的尊王大師，就用堆高機載10億韓元給他，而這個目標在2017年真的成為了現實。」

雖然很多人都覺得我瘋了，但正因為我事先量好錢的重量並做好準備，才能讓這個計畫成真。我們一起想像將酸酸甜甜的石榴放入口中，清脆的口感一口咬下，滿滿的石榴汁在嘴裡爆汁。是不是光想到這裡就令你垂涎三尺？這跟我們實際上在品嘗石榴時，是相同的身體反應。只要對自己想過的人生有著堅定的信念，那麼態度、眼神、聲音等所有一切都會跟著改變。

要相信看不見的東西並不簡單，但如果只願意相信雙眼所見，我們所能獲得的成功就會非常有限。眼睛看到（See）的東西只是現象，並不是信任的物件。展望看不見的東西時，我們將其稱為願景（Vision）。我們的願景，就是讓全世界所有消費者都能樂於使用艾多美的產品。就像十年前的夢想讓艾多美走到今天，此刻艾多美的夢想，將會創造出十年後，甚至是一百年後的艾多美。

未來正在我們殷切盼望的地方
等待著我們。對艾多美而言，
擁有夢想不是自由，而是一種義務。

一山韓國國際展覽中心（KINTEX）成功學院（2017年10月）

Orot願景廳

位於艾多美Orot工廠的願景廳是能容納7,000多人的大講堂，透過每個月的成功學院，連接起全世界艾多美人並傳遞資訊，強化應對全球市場的競爭力。

攝影棚

拍攝各種艾多美內容的空間。

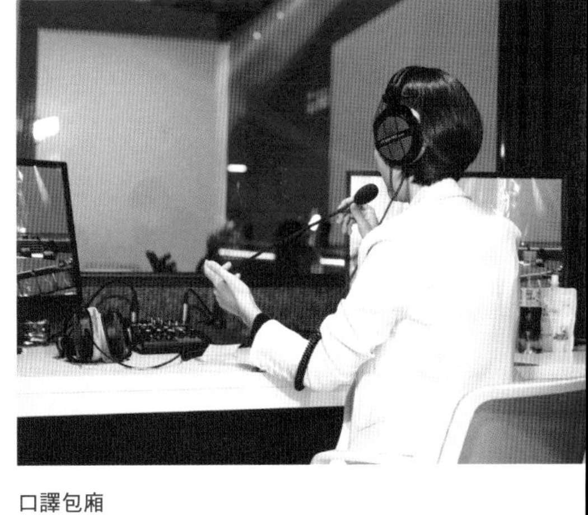

口譯包廂

為來自全世界的艾多美人提供同步口譯服務。

全球成功秀

分享全球艾多美資訊與領導經驗，讓全球艾多美會員交流的時間。

Global 2
Global 3
Global 4

轉播室

艾多美擁有多元轉播系統並提供直播服務，全世界會員都能一同參與線上研討會。

夢想廳

位於艾多美Park一樓的夢想廳是能同時容納1,500多人的大講堂。

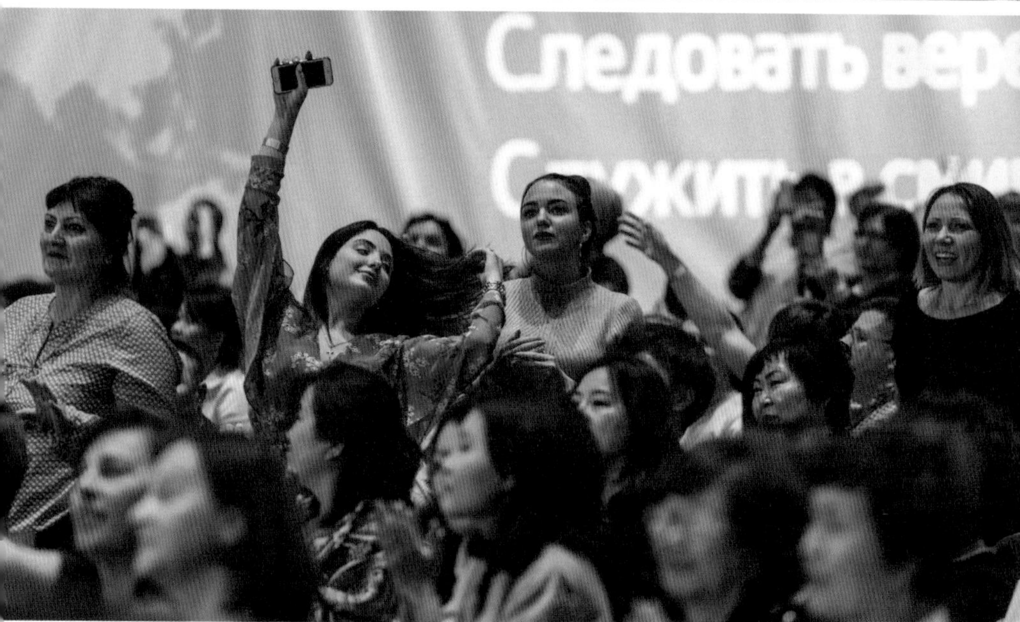

艾多美的國際研討會現場（左上起依序為巴西、俄羅斯、馬來西亞、印尼）。

WELCOME TO ATOMY MALAYSIA
SUCCESS ACADEMY
CHERISH THE SPIRIT
CREATE THE VISION
RENEWED DAY BY DAY

VIP

艾多美藍色海洋專案

為實現永續發展的未來，艾多美正在進行環保運動「藍色海洋專案」。

우리는 푸른 바다 지킴이 애터미 블루마린 세이버즈 입니다.

ATOMY BEACH CLEAN CAMPAIGN
애터미 해양 쓰레기 정화 캠페인

2

大眾精品DNA

產品

原則中心

沒有比原則更好的戰略

What & Why

直銷也是一種零售

想成為可持續經營的直銷企業，必須嚴守「零售的價值」，也就是用合理的價格提供好的產品。這個原則雖然每個人都知道，卻不是每個人都有辦法實踐。遵守原則是直銷企業必須堅持的方向。不少人對於直銷抱持著負面想法，對於這樣的觀點，艾多美不逃避，而是選擇正面突破。因為我們知道，只要遵循「以低價購入高品質商品並分享使用體驗」這樣的直銷基本理論，就能打造出最理想的零售管道。當直銷成效不佳，並不是因為理論錯誤，而是因為經營直銷的公司或企業家沒有遵守原則。艾多美遵守零售的基本原則，並以此為基礎營運企業。因此並不會隱藏自己的直銷公司身分，當然也不會打小算盤欺騙顧客。

艾多美致力於「用更低廉的價格將好東西賣給顧客」，因為我們很清楚，這就是做好零售業本質的唯一道路。用低廉的價格才能賣出更多產品，賣出更多產品企業才能長久生存。

How to

零售的核心在於產品競爭力

艾多美的經營本質是零售，因此必須與全世界的零售公司競爭。除了直銷公司之外，大型超市、實體店鋪、電子商務企業、電視購物等都是我們的競爭對手。直銷的優勢就是產品的消費會創造出收益，當這種優勢能順利被發揮，就能實現與其他零售管道的差異化。在強調出直銷的特性之前，艾多美更注重於把零售業的基本做好。當我們必須擁有能銷售比大型超市、百貨商店、電視購物更便宜且品質更好的商品的競爭力，且能用最好的價格提供最好的產品時，我們才能擁有競爭力，這就是艾多美追求的「絕對品質絕對價格」哲學的基礎。光用「合法」兩個字是無法說服消費者的，若想獲得消費者的信賴，不僅必須合法經營，還要實踐產業的本質。

反覆也找不到瑕疵的經營

艾多美以信賴為基礎銷售產品。培養信賴代表不管在什麼情況下都正正當當，也就是實踐「反覆也找不到瑕疵的經營」。不管是對外的關係還是內部同事之間的互動、公司裡的基本工作等，艾多美不允許任何不誠實的行為。因為破壞信賴等同於背叛顧客，終究會威脅到自己的生存。艾多美對組織內所有職員與廠商的不誠實行為採取不寬容原則（Zero Tolerance Policy）。舉例來說，曾經有一家將牙線交貨給艾多美的廠商因為不遵守基本的原則，被艾多美中斷合作。他們聲稱牙線的長度為50M，但實際測量過後發現只有47M，因為他們不認為真的會有人去測量牙線長度，因此選擇矇騙消費者。為了3M的利益而違背承諾，到頭來吃虧的是他們自己。品質不夠好的商品有辦法暫時騙過消費者，但消費者馬上就會發現，並離我們遠去。我們始終相信，遵守基本原則是最簡單也最快的可使企業持續增長的方式。在選定商品及決定價格的過程當中，若出現高層人員請託等不誠實行為，也一律不會容忍。艾多美的商品選定是由20多名委員組成的商品委員會進行，他們會不停開會，直到得出令人滿意的結果為止。在此過程中面臨淘汰的商品可謂不計其數。比方說，已經有超過十年的時間還沒選出合格的大醬。「反覆也找不到瑕疵的經營」指的不只是誠實納稅，同時也包括在整個工作流程當中要做到讓人找不到任何瑕疵。

遵守原則是聰明而不是善良

艾多美相信，遵守原則是我們能在顧客面前抬頭挺胸、長期獲得顧客喜愛的方法。短視近利、耍小聰明，只會造成更多更麻煩的問題。有些人會問，用最便宜的價格銷售最好的商品，這樣的承諾會不會改變？答案是，當然不會，而且也無法改變。用便宜的價格銷售好的產品，是非常聰明的作法。賣得越多就賺得越多，而且還能賣得更久。這麼好的銷售戰略，有什麼好改變的呢？無視原則的人也許會覺得自己很聰明，但其實這樣的想法是最愚蠢的。我們遵守原則，是因為這是正確答案，也是最聰明的選擇。維持絕對品質絕對價格對艾多美來說，絕對更加有利。

Episode

「我的職業是直銷商！」

不少透過直銷取得成功的人們，反而會對自己的人生感到疑惑，因為有不少人對直銷抱持著負面看法。尤其若與家庭相關，那問題就更大了。朴韓吉董事長也曾被同樣的問題困擾過。

他曾有一次到學校參加讀高中的兒子的家長座談會（家長會）。班導師聊著兒子的事，順便問起了家長的職業，面對這個問題時，朴董事長覺得自己的背脊開始冒汗。雖然他不曾因為自己的職業是直銷而畏縮，但被班導師這麼一問卻讓他瞬間不知所措。「直銷」這個字眼，不知為什麼就是說不出口。

「啊……，我在做一個小規模的零售。」

至於後來對話是如何延續下去的，朴董事長完全不記得了。他有一句沒一句地回答，然後像逃跑似地離開了教職員辦公室。一出校門，朴董事長心裡感受到一股深深的罪惡感，一種為自己感到丟臉的心情油然而生——想到自己未能勇敢說出自己的職業，深感羞愧。當班導師問起自己職業的瞬間，明明一直很自豪自己是直銷商，卻終究沒能說出口，反倒變成了一個脆弱無比的父親。因為他擔心，普世對直銷的偏見會對孩子造成不利，雖說是情有可原的。但一想到這裡，他仍然覺得沒有臉見同甘共苦的同事們，因為，這樣的態度如何能夠在眾多會員面前大聲說直銷有多好，又該怎麼說服他人加入直銷的行列呢？此時此刻，他感到十分慚愧。

朴董事長認為，沒有什麼零售模式比直銷能用更合理、更有效的方式實現與所有加入者的雙贏。在兒子的班導師面前，他沒能大聲說出「我是直銷商」，並不是因為對事業的信心不足，而是因為擔憂這個時代、這個社會對直銷抱有的偏見。

結束家長會、離開學校的時候，朴董事長在校門口回頭看著學校，並下定了決心：「雖然在兒子的家長會上沒能說出口，但我會努力讓人們改觀，到了孫子的家長會時，一定要大聲說出口！無論會花上十年還是二十年，我都一定會改變人們對直銷的看法。我會讓直銷成為讓人感到驕傲的職業，讓父母能在職業欄上勇敢地寫下直銷兩個字。」

而朴董事長的決心也正在一點一滴的化為現實。現在，艾多美為直銷行業帶來了正面影響力，也開始有越來越多的直銷同行用艾多美的方式經營。無論在什麼情況下，艾多美都不會跳脫直銷事業的本質，堅持這個原則就是在短時間內實現事業高速成長的重要成功祕訣。

「我的職業是艾多美直銷商！」

讓所有會員都能大聲說出這句話的日子，已經不遠了。

絕對品質絕對價格

兩者擇二

What & Why

用大衆價格買到精品品質

艾多美追求「大眾精品」（Masstige）。大眾精品是大眾（Mass）與精品（Prestige）的合成詞，指的是用大眾價格買到精品品質。價格相同便提供最好的品質，品質相同便提供最低的價格，這就是艾多美的經營哲學與成功祕訣。絕對價格指的是在品質相同的情況下，提供低到不能再低的價格。想為消費者提供精品級的日常用品，就必須超越價格壁壘，而不是讓消費者下定決心買了東西回家卻因價格昂貴而不敢隨意使用。絕對品質絕對價格追求的不只是提供精品般的品質，而是讓「大眾精品」成為現實，這是艾多美產品的重要精神。

通常企業在分類（Segmentation）市場時會將高品質產品鎖定在高價市場，並將價格相對較低的低品質產品鎖定在低價市場。但這並不是特別的戰略，用高價格販售高品質產品是任誰都做得到的事。而製造符合價格的普通產品也不是別出心裁的戰略，真正的重點在於同時兼備以上兩者。

也就是說，必須「兩者擇二」而非「兩者擇一」，就是用大賣場的價格販售百貨商店精品級的產品。絕對品質絕對價格的大眾精品戰略有著非常低的退貨率，透過這種戰略也能提高顧客滿意度。艾多美的退貨率僅為0.2%左右，是業界最低。除創業第一年為0.41%，其後便一直維持在0.2%左右。這個數值是業界前30家公司平均的二十分之一。低退貨率可以解釋為顧客對品質與價格的高滿意度。我們之所以能在顧客面前光明正大，就是因為我們從創業以來就堅持絕對品質絕對價格的經營哲學。

How to

品質為先，價格其次

艾多美所追求的品質並非相對的概念而是絕對的概念，我們不滿足於做出比其他品牌的品質更優秀的產品，探究產品的本質，達到好到無以復加的境界才是我們所追求的終極目標，這種絕對品質的原則就是我們選擇產品的第一個標準。即使價格再低廉，若品質不佳，仍然無法獲得消費者的青睞，我們絕不允許品質方面出現任何瑕疵。絕對品質是我們與顧客的約定，即使為了維持最高品質而面臨恐將倒閉的命運，也要嚴守這一個原則。決定品質後，就必須制訂絕對價格，即使當下沒有其他競爭對手也不該掉以輕心，若市場價格競爭相當激烈，也必須將價格制訂於能與其他品牌並駕齊驅的水準。除了要考慮目前的競爭對手以外，還要考量未來可能出現的潛在競爭對手，讓自家產品能夠擁有在市場上占據絕對優勢的價格競爭力，必須制訂出連假貨都無法超越的實惠價格，若能同時滿足優良品質與具競爭力的價格這兩個條件，即使在激烈的競爭中也能獲得顧客的青睞。「絕對品質」、「絕對價格」這兩個艾多美的目標最終就是一場與自己的較量，唯有我們自己才能超越自己。艾多美對於絕對品質、絕對價格的執著，用比較通俗的話來說，就是一種「瘋狂」的極致狀態，我們可以說，「瘋狂地」追求「瘋狂品質」與「瘋狂價格」就是艾多美絕對不肯退讓的堅持。

絕對品質是與顧客之間必須遵守的約定

艾多美與合作廠商致力於取得優質原料，如果食材不夠新鮮，即便是再優秀的廚師也無法做出上等好菜。同樣地，絕對品質的產品是來自於絕對優質的原料。必要的時候，艾多美會以現金提供支援，以幫助合作廠商順利取得優質的原料。

優質的原料經過適當的技術與工序，就能成為擁有絕對品質的產品。透過艾多美的代表性產品HemoHIM和艾多美凝萃煥膚系列（ATOMY A-SOLUTE Selective Skincare）就能知道為什麼艾多美的產品是絕對品質。HemoHIM的技術不僅在韓國，也在日本、美國、歐盟等地取得專利，可謂世界級尖端技術。凝萃煥膚系列當中採用的「特化傳導技術」是將抗老化成分與美白成分混合成類肌膚的安全「化妝品DDS技術」（化妝品效能成分傳導技術）與能將該成分徹底導入受損肌膚細胞當中的「醫藥品DDS技術」（標靶藥物傳導技術）結合而成的技術，已申請韓國及PCT國際專利和中國專利。而且，2021年直銷業首度獲得化妝品界最高榮譽「世宗大王獎」，艾多美凝萃煥膚系列（ATOMY A-SOLUTE Selective Skincare）已獲得

「IR52蔣英實獎」、「NEP認證」、「世宗大王獎」三冠王。最優秀的原料及技術，推動出如此絕對品質的產品。

一品一社原則

實現絕對品質絕對價格的基礎就是一品一社原則。一品一社是「1個品項只與1家廠商合作」的艾多美MD（Merchandising）戰略。我們不讓多家廠商一起競爭，而是選定一家廠商之後盡可能提供支援並一起成長。使單一廠商所提供的所有數量，就能實現經濟規模並拉低成本。不僅如此，一旦開始合作，除非出現道德問題，否則絕不會輕易更換合作對象或同時與多家廠商接洽。目前大多數艾多美廠商都是從艱難的初創期就合作至今，基於對彼此的信賴，廠商對設備與長期研究開發進行投資，不僅提升品質也壓低了成本。若不想在品質方面造假，不管在什麼情況下都不能更改交易對象，即便出現緊急情況也要持續提供協助，並耐心等候直到恢復原狀。艾多美的絕對品質絕對價格並不是透過單方面的犧牲來成就，而是透過雙方的研究和合作實現的結果。艾多美與合作廠商會一起成長，並為了幸福的共生不斷努力。

交貨一週內100%現金付款

為了讓合作廠商能壓低成本，艾多美也積極參與其中。在廠商交貨之後，艾多美會在一週內以現金付清所有款項，這是為了讓廠商把錢用在研究與各種需要先投資的設備上。

生產工廠由4M（Man、Money、Material、Method）組成，不僅能創造附加價值，零售也能將財貨轉移到需要的地方並創造附加價值。艾多美認為「準時付費給生產者」的重要性不亞於「準時將商品從生產方交給消費者」。剛開始艾多美是在一收貨便立刻付款，隨著合作廠商逐漸增加，現在則在經過廠商同意後以週為單位付款，以降低工作複雜度。若廠商須在較短時間內收款，也會在收貨的同時立刻將款項付清，農水產相關產品則是在收貨前一年就先以現金付清原料成本。這是考慮到初期需要龐大生產資金的製造商特殊性所做出的決定。艾多美之所以為廠商提供各種支援，是為了保障廠商的流動性*，並避免發生赤字。此外，這種做法也可以降低金融成本、壓低產品成本，最終將能有效降低價格。透過穩定的財政管理，將重心放在提升生產，最後將會使消費者受惠。絕對價格並不是唾手可得的，必須在看不見的地方下功夫，用各種方法一起克服難關，最終實現價格創新。

透過夥伴關係讓成本降低

在與合作廠商交易時最重要的條件就是最高品質，我們會要求廠商將產品的品質提升至最高，但價格必須壓至最低。每當我們要求廠商用最低的價格提供最高的品質，廠商往往會

* 流動性指公司支付「短期」債務（流動負債）的能力，亦即企業能將其持有的資產及時轉換成現金，或企業能夠取得現金以償付債款的能力。流動性越高，代表將資產變現以償付短期債務的能力越好。

不知所措。但艾多美並不會讓廠商單方面犧牲，而是透過改善生產線和擴大製造設備等方式，與廠商一起實現製造方面的創新。採購原料時也會先確認是否有能降低成本的方式，並針對採購過程提供幫助。我們不是要廠商無條件壓低價格，而是在保障廠商合理利潤的情況下尋找適當的解決方案。只要是對顧客有利的，我們就會與廠商一起承擔壓力，這是理所當然的。在這個過程中，追究利益得失沒有任何意義。光憑藉艾多美本身是無法實現絕對品質絕對價格的，艾多美提供的大力支援是為了打造更良好的夥伴關係。有時也會有些合作廠商願意主動降低價格或增加數量，這是因為銷售量增加讓生產成本降低。生產廠商終究會明白，艾多美扮演的角色只是市場，東西賣得好不好完全取決於廠商本身。透過艾多美銷售，不僅可以減少零售成本，廠商的供應價格下降自然會帶動售價下降，最終將能達到銷售量增加的結果。

Episode

艾多美不會因為顧客滿意而原地踏步 HemoHIM

HemoHIM是名副其實的艾多美代表性產品之一，單一品項銷售已連續八年穩坐業界冠軍，2010年美國法人成立之後，HemoHIM正式進軍全球市場，累積銷售額已突破2*兆韓元。

HemoHIM是絕對品質絕對價格的最佳案例，上市至今一直備受消費者歡迎。雖然現在已是熱銷超過30萬盒的人氣商品，但在遇見艾多美之前，曾經每月只售出500盒。儘管消費者對產品品質的滿意度很高，但昂貴的價格令消費者卻步——每月60包份，要價77萬韓元，對消費者來說是不小的負擔。

自從艾多美開始銷售HemoHIM之後，最先做的就是調低售價。首先與製造商科瑪BNH協商，改善生產工序並調低成本。將一盒的產品份量減少為一半，並將價格調低至7萬6,500韓元，同時也將企業的利潤最小化。企業的利潤少到什麼程度呢？少到其他競爭公司不管再怎麼壓低價格都比不過的程度，艾多美甚至連小數點也不放過，價格壓了再壓，最後成功將價格壓到原本的五分之一。產品原本就已經備受認可，加上價格

* 以2022年2月為基準。

變低，讓銷售量以幾何級數暴增。

　　但接下來才是真正考驗的開始。透過與製造商的緊密合作，每當利潤增加時就增加單盒中的包數。生產量增加之後，成本降低的幅度也跟著變大。製造商得以增設能大量生產的設備並進行自動化生產，這也再次壓低了產品價格，最後得以在維持原有售價的情況下，將單盒包數從30包增加至48包，再增加至50包。以每月服用量60包為目標，竭盡全力不斷增加包數，甚至還調整了產品內說明書的大小。

　　從54包增加到60包的過程中面臨了巨大挑戰，因為成本已經低到不能再低，找不到其他可以再壓低價格的部分。而且川芎、當歸和白芍藥等主要原料的價格上升三倍，反而應該要提高售價才對。我們以「擰一條乾毛巾」的心態重新檢視生產線，並透過大量採購原料和契作栽培等方式降低成本，一步步往目標邁進。最後，HemoHIM終於增加到一盒60包，價格也僅有初期的十分之一。與產品大賣相比更讓人開心的是，透過降低價格我們讓更多消費者以平易近人的價格使用HemoHIM。

　　一直到現在，製造商科瑪BNH依然為了生產最高品質產品而在工序管理上付出最大的努力，不定時前往契作栽培現場仔細檢視原料收成情況。即便是收成後，在收購與加工時也會經過嚴格的品質檢測，才能成為最終的使用原料。HemoHIM不僅為韓國消費者提供絕對品質絕對價格，也將這樣的高品質帶給全世界，在滿足全球顧客之前，我們將不會停止。

當最好的原料遇到最頂尖的技術

艾多美肌膚保養6件組（SKIN CARE 6 SYSTEM）（現為 艾多美經典保養5件組 SKIN CARE SYSTEM THE FAME）

與低價化妝品相比，名牌化妝品品質的滿意度的確比較高。但因為價格偏高，一般消費者無法隨意使用名牌化妝品。如果將產品鎖定在富裕階層，將讓產品只能少量生產，自然會造成成本上升的結果。艾多美終止了這樣的惡性循環，並將其轉換為良性循環。我們用特化尖端技術加工天然原料，但透過大量生產來降低成本，讓更多消費者能負擔得起名牌化妝品。

但想形成良性循環並非輕而易舉的事，艾多美剛開始生產護膚品時，產品價格依然非常高。因為產品是結合韓國原子力研究院開發的「高純度精製技術」、提升吸收率的Sun Bio Tech的「韓方發酵技術」以及韓國科瑪對「多重液晶膠囊」的專利技術共同研發而成的，其中「高純度精製技術」是非常創新的尖端技術。許多專家都異口同聲地認為，天然原料確實比化學原料來得好，但天然原料存在著限制。加工的時候，色素與強烈的氣味會與有效成分一起出現，雖然氣味可以用除臭劑來去除，或是用更強烈的味道將其蓋過，但色素卻是一道難以突破的難關。為了提升產品機能性而使用高含量配方時，就會造成大量色素產生，導致產品無法使用於臉部肌膚。於是，韓國原子力研究院開發了用伽馬射線照射的方式，從天然原料中提取出的化妝品原料來去除色素的方法，透過這種技術就能實現有效成分的高度濃縮。

得益於尖端技術的開發，產品品質雖然得以提升，但基於產品本身價格依然偏高，每年的銷售量只有幾千套。少量銷售、少量生產的惡性循環讓產品無法超越盈虧平衡點。於是艾多美提議，以每月生產十萬套為標準來計算成本並進行供貨。後來供給價格大幅降低，售價也降到只有原本的十分之一。也就是說，絕對品質成功締造了絕對價格，當然也受到無數消費者的愛戴。現在除了韓國之外，在全世界海外分公司也都不斷創造銷售佳績。「艾多美肌膚保養6件組」（SKIN CARE 6 SYSTEM）在韓國已經是最暢銷的基礎護膚品套組之一，但相信在不久後也將成為全世界最暢銷的基礎護膚品。只要一套艾多美肌膚保養6件組就能完成所有基礎調理步驟，價格只要8萬8千韓元（約合台幣2,122元）。根據2015年韓國公平交易委員會資訊公開報告，艾多美肌膚保養6件組在化妝品部門單一品項占據業界銷售第一。

艾多美堅持將銷售增加產生的部分利潤回饋給會員，並秉持著這樣的信念不斷努力升級產品。2016年將原本為135毫升的化妝水增量為150毫升，原本為33毫升的眼霜增量為40毫升，2019年3月更是全新推出原料與技術全面升級的「艾多美經典保養5件組」（SKIN CARE SYSTEM THE FAME）。ATOMY A-SOLUTE Selective Skincare（艾多美凝萃煥膚系列）緊接著為銷售第二*。

時至今日，艾多美依然以最好的原料，透過最尖端的技術生產最卓越的產品，從原料採購到加工、製造工序、庫存管理等所有過程都有最嚴格的管理系統，就是為了用更實惠的價格回饋給顧客。

一口就讓人欲罷不能的好味道
鯖魚乾

鯖魚是受韓國人喜愛的食材之一，其銷售管道非常多樣，不管是傳統市場還是百貨商店都能買到，是非常平易近人的食材。艾多美將非常常見的鯖魚製作成產品零售，鯖魚乾是艾多美的人氣商品之一，每年創下100億韓元以上的銷售紀錄。艾多美的鯖魚乾不僅美味好吃，其高品質也創下了好口碑，抓住了無數顧客的胃口。艾多美的鯖魚乾有著讓人吃一口就欲罷不能的好味道，而其成功的背後，其實有著艾多美的耐心與等候。

艾多美的鯖魚乾使用的是全球知名的挪威鯖魚，並嚴選肉質最好的秋天鯖魚。游經北大西洋、橫跨冬天挪威大海的鯖魚，富含豐富的DHA與EPA等不飽和脂肪酸。在清淨海域捕獲鯖魚後，以零下40°C急速冷凍並送回韓國。由於取得新鮮原料是最重要的，因此艾多美會事先支付採購鯖魚的費用。採購回

---

* 2021年韓國公平交易委員會資訊公開。

來的鯖魚會經過艾多美一道又一道的處理工序，因為會先在食材上撒上鹽水，因此鹽的品質比什麼都來得重要。艾多美使用的鹽是產自「全南新安郡」的天日鹽，在特殊設計的輸送帶系統撒上混入新鮮綠茶的鹽水，才進入熟成階段。鹽水絕對不會重複使用，減少了食品本身的腥味，並維持在最新鮮的狀態。艾多美鯖魚乾的淡淡鹹香就是來自如此繁複的細節而誕生。

但並不是一開始就能如此順利生產出最好的產品。成為艾多美人氣商品後，鯖魚乾曾經一度供不應求，好一陣子無法正常銷售。與一般工業製品不同，鯖魚乾需要有關人員的專業技術才能製作出來。大小不一的鯖魚要精準齊切去骨，這是機械無法代替的工序。如果將如此講究的工作交給初學者來做，肯定會造成品質下降，但也不能因此就隨意增設加工設備，而且請其他廠商一起幫忙生產的方式也不符合艾多美的「一品一社」原則。最後，艾多美選擇每天定量銷售，給供貨廠商足夠的時間，讓他們訓練出技術成熟的人員以生產高品質鯖魚乾。

產品的價格與品質是艾多美與顧客的約定，因此我們認為答案也在顧客身上，問顧客就對了。我們想知道「為避免缺貨盡可能大量生產，即便可能導致品質下滑」以及「願意等待艾多美生產出品質最好的產品」之間顧客較能接受哪一種方式。顧客喜歡艾多美鯖魚乾的理由是因為對品質與價格都非常滿意，鯖魚乾不管在哪都能買得到，但顧客卻依然選擇耐心等候，因此我們才得以順利解決供需問題，用低廉的價格販售高品質鯖魚乾。

990韓元的商品售出2億個就是2千億韓元
牙刷

艾多美的牙刷又被稱為「1秒牙刷」，指的是1秒售出1支。截至2020年，累計銷售超過2兆支。牙刷是非常基本的生活必需品，對艾多美來說，是能吸引顧客反覆回購的重要商品。

當朴韓吉董事長決定開始銷售牙刷後，他收集了市面上所有的牙刷並親自進行測試。為了測試牙刷的使用感，他不惜刷上數百次牙，牙齦甚至都腫了起來。以最高品質為目標不斷研究各種方式的艾多美在2010年遇見了現在的合作廠商DEOTech Korea的金應烷（音譯）代表。DEOTech Korea在該領域擁有豐富經驗，產銷牙刷超過三十年的時間。雖然有辦法生產出最高品質的牙刷，卻在開拓銷路時面臨了困難。

艾多美告訴DEOTech Korea「只管生產出最高品質的牙刷，銷路交給我們想辦法」。雖然能透過艾多美找到牙刷銷路是一件值得開心的事，但DEOTech Korea並沒有因此而欣然接受，最大的原因就在於供貨價格。產品原價1,600韓元～2,400韓元，艾多美卻決定要賣990韓元。若考慮產品成本和企業利潤，這是絕對不可能實現的價格。不過朴董事長依然鼓勵大家一起尋找可以壓低成本的方案，先以大量訂購為前提，針對原料採購到生產線整備進行全面成本調降。透過艾多美提供的初期資金大量採購原料以降低單價，並將生產線簡化成只能生產單一品項。原本一次只能製作6個的模具增加至12個，生產量一下子就多了一倍。從生產到包裝的整個製程導入全自動化生產的相關設備，大幅降低了生產成本。透過生產線的創新實現了看似不可能的絕對價格。

第一批交貨的20萬支僅三天就全部銷售一空，DEOTech Korea和艾多美都因這個成果大吃一驚，當時DEOTech Korea的牙刷銷售量為每月40萬支，可艾多美只用了短短三天就創造如此驚人的表現。現在，DEOTech Korea的銷售額超過80%來自艾多美。向艾多美交貨前，每年銷售僅5億4千萬韓元，後來年年上升，到2019年飆升至超過200億韓元。與艾多美開始交易僅僅兩年，2012年便成功新建工廠，2019年更是與艾多美一起在中國合資設立工廠。朴董事長第一次與DEOTech Korea代表金應烷見面時，提議以每年1,000萬支銷售來計算牙刷成本。當時，金應烷代表回答：「董事長，牙刷並不是能大賣的商品，年度銷售超過1,000萬支的牙刷只有L牌的777牙刷。」即使在大街小巷裡擺上牙刷賣，也幾乎不可能賣到一年1,000萬支。但在2020年，光一年裡DEOTech Korea 就透過艾多美銷售了3,600萬支牙刷，累積銷量超過2億支。也就是說，價值990韓元的牙刷創造出超過2,000億韓元的銷售額。

這個世界上優秀的產品到處有，但要同時擁有讓人滿意的價格並不容易。用低廉的價格銷售優質產品的大眾精品戰略，不管是對消費者還是對艾多美和合作廠商來說，都是最佳選擇。艾多美直到今天也還在為了這條共生之路不斷努力。

剃刀式經營

擰一條乾毛巾

What & Why

擰一條乾毛巾式的成本管理

艾多美並沒有對直銷商們提出每月資格條件，大部分直銷業者都會以每月的消費銷售或一定額度的消費銷售來決定會員等級，直銷商則會努力維持能獲得更多獎金的會員資格，造成會員在不使用產品的情況下依然必須購買產品的情形出現。剛開始朴韓吉董事長決定不設定維持條件，是因為相信只要產品品質夠好，就算沒有資格維持條件，消費者也會為了購買產品而大排長龍。艾多美認為，若只是為了獲得獎金而購買毫無競爭力的商品，一定無法長久持續。唯有絕對品質絕對價格的產品才能讓艾多美迎向美好的未來。為了維持讓競爭對手無法比較的絕對低價，必須用「擰一條乾毛巾」的理念不斷地降低內外部的各種成本來確保競爭力。就像用剃刀剃下來管理成本一樣，因此又稱為「剃刀式經營」。

艾多美以零為目標，不斷去除必要的成本。透過有效率的經營管理徹底降低銷售管理成本後，除了信用卡手續費與物流費用之外的一般管理費用降到同業平均四分之一的水準，屬於業界最低。與之相反，採購價格則比同業高出一倍，為了提升產品品質不惜做出大力投資。絕對品質絕對價格的背後，正隱藏著這些數字的祕密。

How to

透過絕對管理去除價格泡沫

「絕對品質絕對價格」不僅對消費者來說，對企業而言也是非常遙遠的目標。但當別人只管做夢時，艾多美卻努力將夢想化為現實。透過徹底進行成本管理，大幅降低了固定支出。艾多美透過有效的經營活動與降低固定費用，努力將售價降至最低。

從各種統計資料當中也能看出艾多美為降低固定費用所付出的努力，截止2019年，艾多美的銷售管理費只占總銷售的10%。去除銷售管理費中所有企業共同專案「運費」（3%）與信用卡交易手續費（3%左右），艾多美的銷售管理費約為5%。艾多美不只是業界最低水準，與同業相比也呈現出較大落差。這些經營成果都是得益於艾多美的「剃刀式經營」生存法則，也就是所謂的絕對管理。透過滴水不漏的絕對經營管理實現成本降低，並透過降低成本維持最高品質，但同時依然能維持與賣場相同的價格。

人均年度銷售55億韓元

雖然艾多美總公司只有200名職員，但每名職員的年度銷售額卻達到55億韓元，是比優秀企業的每人銷售額還高的水準。即便不同業界略有差異，但只要超過10億韓元就算是非常優秀的水準。為了提升工作效率，我們將反覆的作業進行自動化。艾多美從創業初期開始就致力於改善公司作業流程，將登錄申請與訂購工作等作業全部數位化，讓職員能投入到更有意義、更有創意的事情當中。

企業的人力成本當中有很大一部分都是來自於管理、監督、監視組織所產生的不信任成本，如果能夠信任職員就不會出現這筆費用。只要相信公司職員並交付工作就不需要負責人進行管理，當然也能減少由此產生的不信任成本。在艾多美，我們沒有負責管理工作的負責人。就連公司最具象徵性的負責人朴韓吉董事長也必須比照實務人員，親自前往工作第一線進行教育或演講。

艾多美的效率經營也能從人力成本在銷售額當中的占比看出來，艾多美的人力成本只在銷售額當中占1.6%，但這並不代表艾多美的每人年薪偏低，而是因為這些優惠都完整地回到了顧客身上。沒有艾多美的拚命努力，是絕對不可能實現絕對品質絕對價格這個目標的。

值得信賴的艾多美

品牌的價值標準就是「信賴」

What & Why

艾多美就等同於信賴

對艾多美來說，品牌實力不代表是否為全球知名，而是能否被消費者信賴。因為重點不在於了解顧客需求，而在於是否能讓顧客心動，因為這會創造出驚人的實際價值。每當艾多美推出新產品，消費者總是會迫不及待地訂購。無需多加說明，消費者也知道我們有多努力思考他們真正的需求。未曾使用艾多美的人也會心想「大家都讚不絕口，真的這麼好用嗎？」接著便會成為消費者的一分子，然後便會滿意於我們的高品質，進而成為我們的忠實客戶，最終形成良性循環。艾多美這個品牌就等同於信任的基礎、信任的象徵。對艾多美來說，正直比什麼都來得重要。我們將人與人之間的信任視為最重要的資產，並精心生產每一份產品。

當艾多美的絕對品質絕對價格精神繼續延續，就會衍生出絕對信任價值。毫不猶豫選擇艾多美的顧客會成為「生活策劃師」，提供各種各樣的解決方案。透過分析顧客需求並提出最佳方案的策劃服務，就能打造出全新顧客精品。以絕對品質絕對價格和絕對信任為原則的艾多美品牌，將會製造出絕對能讓顧客安心使用的產品。讓人們能因為選擇艾多美而使生活變得更富裕，就是艾多美能為顧客做出的最好回饋。

How to

顧客至上

艾多美決策過程的首要原則就是「有利於顧客的零售」。不管是絕對品質絕對價格還是100%退貨保證制，都是根據「有利於顧客的零售」原則來進行。唯有當我們堅持顧客至上的原則，才能提供更好的產品，讓彼此的信賴關係更堅定，顧客的信任是讓艾多美得以成長的強大動力。即便是在購買之後也必須讓顧客能繼續信任艾多美，不管是購買產品後發現有瑕疵，或是運送過程中出現破損，甚至是顧客單純反悔，都能進行換貨或退貨。因為我們針對顧客實施退換貨制度，即便是已經拆封使用的產品也能退換貨。「顧客永遠是對的」這種以客為尊的思考模式，是支撐艾多美前進的重要精神。

商品規劃重視價值而非銷售

艾多美是策劃者（Curator）而不是銷售者（Seller）。我們為消費者提供符合喜好的商品，讓消費者不必煩惱該如何選擇。其實有不少消費者都有無法做決定的「選擇障礙」，但消費者的猶豫不決也會造成成本產生。如果消費者購買的10個商品中有一個買錯而不使用的商品，就代表消費者多花了10%的費用購買商品。艾多美商品企劃組為了選定商品，會比較並調查同類商品，尋找能降低成本與提升品質的改善方案。唯有確認過經營者的人品與良心並確保能實現絕對品質絕對價格，才會將其登錄為艾多美商品。艾多美提供的是值得信賴、無需猶豫的商品，並透過這些商品節省消費者的時間與成本，這才是艾多美進行策劃的真正理由。

絕不允許誇大不實的廣告

不管是商品說明書還是廣告文案都不能誇大不實，必須用客觀的方式告訴消費者產品的優點。一味強調自身優勢是二等戰略，只有顧客的好口碑才是最真實可信的，必須讓顧客能親口說出「實際用過之後覺得很不錯！」。這才是與顧客建立信任關係的最佳方式。舉例來說，艾多美有一種能幫助減肥的減重食品叫做「艾多美纖活食代」（Slim Body Shake）。在產品說明時艾多美並不會誇大功效，我們會告訴消費者，光靠服用減肥食品並沒辦法真正達到減肥效果，必須要同時維持健康飲食習慣和運動才能成功減肥。與顧客之間的積累的信任是艾多美的珍貴資產，我們努力創造出用一次就能100%滿意的良性循環。

「便宜又好用，你也試試！」一句話比任何說明都有用

大部分直銷公司都會將重心擺在產品教育上，因為必須懂得對顧客說明產品價格偏高的原因。艾多美也有一些採用獲得專利技術的最新工序與技術的產品，但我們不會針對產品進行過度教育，因為無需對產品的機能、特殊工法和原理多做說明，只要產品便宜好用，消費者自然會找上門。只要對產品有

信心，就不需要做過多說明。推薦一條2,900韓元的艾多美牙膏時，只要說「便宜又好用，你也試試，我用過覺得挺好！」就可以了。講究絕對品質絕對價格的艾多美產品已經具有一定的象徵性，因此當然會大賣特賣。艾多美對產品進行教育的唯一理由是怕顧客擔心產品太便宜而不敢使用，我們只是為告訴顧客這是一個便宜又好用的產品罷了。

家人也能安心使用的產品

「我的家人也放心吃、放心用。」是所有艾多美產品的標準。就像我們不會讓家人吃不好的東西一樣，艾多美也將顧客當成家人，生產最好的產品。艾多美的產品都是日常生活中經常吃到、用到的生活必需品。我們經常會在新聞上看到與食品相關的黑心企業，比如用無法食用的材料製作食品的製造商、竄改有效期限繼續銷售的零售商，這些企業的職員真的敢讓家人吃這些黑心商品嗎？絕對不可能。艾多美在開發商品時，以朴韓吉董事長為首，其他職員會與家人一起參與其中，在經歷長時間的使用後，只有真正讓人滿意的商品才能成功問世。因為我們認為，絕對不能對消費者推出連職員自己都不滿意的商品。

正善上略

正直善良才是最好的戰略

What & Why

正善上略帶來的可持續增長

正直代表眼見為憑，即使說過的話會造成我們的損失，也必須對自己的良心、對艾多美的職員、合作廠商和消費者誠實。在分配創造出的價值時，懂得讓他人獲得更大的利益，這才是真正的善良。

艾多美堅持「正善上略」經營理念，也就是將正直與善良視為最高戰略的精神。對艾多美來說，正直與善良是我們與顧客之間的承諾。顧客也會因為相信艾多美的正直與善良而購買產品。正是因為知道顧客有多信任艾多美，我們才會與合作廠商一起努力開發出更好、更便宜的產品。我們將原則視為首要，以絕對品質絕對價格為基礎製造產品，並為使用產品的顧客帶來更多利益。這樣的承諾是來自於艾多美的信念——「正直與善良是最好的戰略」。

How to

艾多美最珍貴的資產就是正直

艾多美透過正直來積累信任，即便在創業初期曾經歷困難，依然站在每一位會員的立場思考。雖然公司政策規定要兩週後才會發放獎金，但我們選擇在銷售後的當天凌晨支付該金額。當時還沒有電腦自動化系統，我們只能透過傳真並手寫訂單。即便如此，我們還是將直銷商的獎金視為重中之重，因為我們認為唯有如此才能真正使直銷商受益。

產品也是如此。為了生產不辜負顧客期待的產品，我們不惜做出對自身不利的選擇。因為唯有良心正直最後才能獲得成功。小公司所擁有的資源與大公司相比微不足道，但踏實走好每一步是不需要資本就能實踐的。讓艾多美在短時間內實現快速增長的動力就是正直善良的企業經營精神。一顆正直的心，能創造出超乎我們想像的巨大價值。

身體力行才能走得長遠

當我們要啟程邁向遙遠的終點時，出發點的方向將會對後續的過程產生巨大影響。艾多美在啟程時就選擇了正直與善良。雖然正直與善良的價值無人不知，但這是無法光憑意志去實踐的，唯有接受不利和克服誘惑才能真正做到。

艾多美比誰都還重視原則，選擇一條正直的路，只為了在顧客面前能堂堂正正。正直，代表的是即便可能遭遇損失也要堅持到底。我們做每一件事的時候都講究原則，即便可能面臨損失也勇於承擔。雖然正直可能會在短期內讓我們遭遇損失，但從長期來看，絕對會為我們帶來更大的利益。

唯有正直善良才得以生存

艾多美認為，即便被全世界背叛，也要堅持選擇正直善良的道路。人們總說正直善良會讓人吃虧，也有人在發現自己可能吃虧時反悔改口，但這麼做會讓他們過得比正直的人更好嗎？其實並不會。韓國剛開始有電子商品製造商，出現眾多小規模企業時，有不少公司不為顧客提供商品故障售後服務。眾多電子產品製造商當中，生存下來的是哪一家呢？品質不佳、不願提供售後服務的企業一一消失，只有堅持正道製造產品並100%為產品負責的企業得以生存。正直，就是為自己說過的話負起責任，即便可能遭遇損失。只有正直的企業才能在市場上生存，不僅在韓國如此，在全世界都是如此。

我們將原則視為首要，

以絕對品質絕對價格為基礎製造產品，

並為使用產品的顧客帶來更多利益。

這樣的承諾是來自於艾多美的信念

——「正直與善良是最好的戰略」。

產品展示台

位於艾多美Park大廳的產品展示臺上展出各種艾多美絕對品質絕對價格產品。

艾多美哲學階梯

艾多美不斷思考該怎麼做才能用更低的價格販售好的產品，因為我們認為這是能做好零售的最好方式。艾多美的職員都將零售的基本原則銘記在心，因此，不斷書寫直銷的成功案例。

3

合力DNA

共同成長

齊心合力

團結力量大

What & Why

齊心合力共同體

艾多美有一種特別的DNA，就是艾多美的齊心合力文化。齊心合力，指的就是「眾人同心合力」或是「眾人合心一同努力」。艾多美的成功人士大部分都是極為平凡的小人物。這些小人物聚集在艾多美，讓艾多美成為業界最卓越的企業之一。艾多美成功的背後，有著直銷商之間根深蒂固的齊心合力文化。艾多美人深信著彼此的關係與相互支持的力量，總是互相幫助並發揮加乘效應。當成功的祕訣和從錯誤中學到的經驗遇見齊心合力的價值，就能開拓新的可能。

How to

讓我們成為我們的齊心合力系統

為了達到齊心合力，最重要的就是讓所有人都參與到齊心合力系統當中。直銷商們透過艾多美研討會等成功系統去了解企業的營運方針，了解未來發展方向並與同行一起解決難題，就能樹立共同的價值觀。

研討會由總部負責舉辦，全國各分會場的會議內容與總部保持一致。艾多美最優秀的經營者會在研討會上分享自身經驗，讓所有人都能一步步邁向成功，即便台下是與自己毫無關係的其他直銷商。這一點與傳統網路行銷公司不同，他們多數是由市場中的領導人自行組成系統或團隊召開研討會。艾多美這種眾人齊聚，邁向成功的合力系統模式，不斷培養出從二十多歲到七十、八十歲各年齡層的成功經營者。

渺小的蜜蜂能夠戰勝毒性比自己大五百倍的馬蜂的唯一辦法，就是凝聚力量。當馬蜂入侵時，蜜蜂會聚集在一起，並把體溫提升到47°C。馬蜂的致死溫度是46°C，蜜蜂則是48°C，憑藉這高出的一度，馬蜂將不敵高溫而亡，而蜜蜂卻能因此從危險中脫身。就像蜜蜂團結在一起擊退馬蜂一樣，這般強烈的凝聚力正是艾多美的齊心合力。只要凝聚在一起，即便是再小的力量都能變得無限大。只要凝聚在一起，就能激發超乎自己想像的巨大能量。

Episode

美國市場的成功始於「合力」

艾多美首次進入美國市場的時候，曾經面臨一個巨大的困境。那時產品已經進入了美國，幾位優秀的直銷商也抱著雄心壯志踏上了美國的土地，他們一年多來持續在全美進行每兩週一次的巡迴研討會，但現實並不是他們想像中的那麼容易，這些直銷商慢慢感到了力不從心。美國地廣人稀，市場是很難透過少數幾位直銷商完全掌控的，再加上當時沒有牢固的事業基礎，可謂是舉步維艱。

但對艾多美而言，進軍美國市場在全球商業領域不僅象徵著巨大的機會，也是考驗企業能否在全球市場上占據一席之地的試金石。

就在危機當頭之際，朴韓吉董事長堅持發揚齊心合力的精神，不僅要求已經進軍美國的直銷商，也要求所有領袖級直銷商一同協助，做大美國市場。朴董事長提議，讓領袖級直銷商們輪流每個月前往美國進行研討會的分享，但很多領袖級直銷商卻止步不前，甚至有人出現反對的聲音，他們認為隻身前往美國講課是不可能實現的事。雖然一開始大多數人都不認同朴董事長的意見，但朴董事長沒有放棄，而是保持耐心地繼續說服他們。他將領袖級直銷商聚集在一個度假村裡，徹夜說明自己的想法給大家聽。兩天一夜的時間總共講解了六次之多。朴董事長認為，沒有說滿十次，跟一次都沒有說明是一樣的，因此他選擇不斷努力的說服他們。

「董事長，您今天可以不必再徹夜說明了。」

當董事長第七次召集他們時，其中一名領袖級直銷商終於開口說道。並接著給出了其後一年間的美國市場拓展計畫表。

「因為我們很清楚，如果不同意，董事長會一直說到我們同意為止，所以乾脆就同意吧，這樣就不用繼續聽他再講了。」

朴董事長用堅持到底的熱情和真心打動了領袖級直銷商們，讓他們願意一同挺身前往開拓美國市場。而打動他們的就是「合力」，也就是「夥伴意識」。一個人沒有辦法做到的事，只要眾人齊心合力，就能激發出面對挑戰的勇氣。最後，艾多美成功進軍美國市場，還順利進入加拿大、日本、中國、臺灣、新加坡等東南亞市場，甚至南美地區。

如果少了齊心合力文化，艾多美很可能還走不出美國市場的試錯時期，只能眼睜睜錯失無數海外市場的大好機會。透過進軍美國市場的過程，直銷商們徹底感受到齊心合力的力量。所謂齊心合力，不只是嘴巴說說，而是透過實際的合作來實現共同成長。朴董事長認為，作為一個企業家，必須營造讓直銷商們相互合作的氛圍，而不是讓他們競爭廝殺。艾多美透過齊心合力系統，不斷擴大著自己的成功案例。

合力成善

從協力社到合力社

What & Why

合力成善之路，讓每個人過上幸福生活

艾多美對「協力社」的重視並不亞於經營者和消費者，因為「協力社」提供了艾多美所需的大眾精品，我們才能兌現絕對品質絕對價格的承諾。也是這個原因，艾多美將協力社又稱為「合力社」。如果說「協力」代表的是為完成一個目標而互相幫助的意思的話，那「合力」則是強調我們是一個大家庭，並一同邁向成功的關係，而非合同上的甲方與乙方。與合作廠商一起共同成長，是實踐絕對品質絕對價格產品的核心所在。

為了讓合作廠商供給最好的產品，艾多美不惜一切提供最大的支援。這是因為，為了維持絕對品質，讓人員在穩定的環境投入研究開發與產品生產，這點是非常重要的。生產產品的廠家要穩步成長，才能不斷帶動公司發展，進而為消費者提供高品質產品。

「合力社」的成功也是艾多美的成功。更進一步來看，最終是形成良性循環構造，能讓消費者變得更幸福，我們企業也會走得長遠。這個是只有艾多美才有的共同成長文化，艾多美追求讓每個人過上幸福生活的路。

How to

品質相同則優先選擇中小企業

艾多美是「以價值為導向的公司」，是將所有與艾多美有關的人視為最重要價值的公司。價值源自於消費者，艾多美以低廉的價格提供優質產品，讓消費者在選擇艾多美時能享受更大的利益——為經銷商提供工作崗位、希望以及能創造實際收入的價值。並且，合作公司與艾多美合作，就能創造出新的機會。正因為將多種價值視為目標，艾多美與夥伴之間的合作就顯得尤為重要。與艾多美簽下合約後，雙方便有了如家人般的緊密的關係，出現問題時會一起解決。對大部分中小型製造業廠家而言，最令人擔憂的就是銷路，可是，艾多美對他們來說不僅是絕佳銷路，也是能夠穩定成長的跳板。艾多美在選擇新產品時，同樣的商品會優先與銷路開發相對不易的中小企業進行交易而非大企業。艾多美不斷努力發掘擁有卓越產品卻因沒有資本與銷路，而面臨難關的中小企業。因為，比起眼前的利益，艾多美更重視關係的價值。今後，艾多美也將繼續與合作公司並肩同行。

銷路開發交給艾多美就對了

並不是所有優秀的產品都能取得成功。即便產品本身再完美，也可能在市場上無聲無息地被埋沒。為了將好的產品帶給消費者，必須要懂得將產品的價值傳遞出去。然而，規模不夠大的中小企業在市場的宣傳行銷和基本營業網路構建方面都不容易，甚至因此面臨事業危機。艾多美積極發掘此類企業，並提供雙贏共生的機會。只要擁有最高品質的產品，艾多美都願意全力協助。艾多美在全球範圍內擁有1,500萬名會員，可以說是合作公司最好的銷路。艾多美的合作公司不必擔心銷售問題，可以全心全力專注在產品生產上。除了提供穩定的銷路之外，艾多美在品質管理和產品改善方面也提供大力支持，不斷與合作公司一同努力解決問題，以降低成本並提升利益。

追求合理的進價政策

艾多美用合理標準制定進價，讓艾多美和合作公司能獲得雙贏。在充分考量數量、品質、規格、交貨期限、原料成本與人力成本等影響進價的因素後，加上交貨廠家的合理管理費與利益，才決定最終進價。艾多美不會單方面決定進價，而是經過充分討論後決定適當的標準。即便需要調整進價，也會經由雙方討論後才調整單價。此外，為了順利供貨，艾多美除了購買原材料以外，也在設施投資方面提供大量資金支援。

艾多美供貨就是品質保證

對品質改善的努力不分你我。艾多美樂意成為合作公司的助手，一同致力於提升產品品質。艾多美願意分享對顧客需求的豐富經驗與專業知識以不斷升級機能。同時委託合力廠商專業機構以確保分析客觀性。艾多美與SGS Korea等機構合作，實施共同品質監管，若發現產品問題則立刻尋找解決方案。品質監管方面所需成本完全由艾多美負擔。艾多美對品質管理付出的努力，讓艾多美在食品業打出了值得信賴的好口碑。「能交貨給艾多美就代表是獲得認證的好產品」這句話更是證實了艾多美對品質管理的嚴格要求。

與合作公司攜手走向世界

艾多美將韓國國內合作公司生產的兩百多種產品銷往美國、日本、加拿大、新加坡等艾多美海外分公司。被選為艾多美合作公司，就等同於獲得有全球1,500萬名會員的艾多美零售網路。舉例來說，艾多美最具代表性的合作公司韓國科瑪和DEOTech Korea Co., Ltd. 在艾多美正式進軍中國市場後，於中國當地設立了50：50的合資工廠。艾多美在2017年進駐山東省煙臺市中韓產業園區，分三階段進行艾多美生產基地計畫，加速完備進軍中國市場所需的工廠建設。目前已完工的第一工廠主要生產牙刷和廚房用品，已順利進入生產階段。第二階段生產基地是艾多美中國總部大樓──「艾多美夢想中心」與保健食品工廠，也已順利完工。而第三階段生產基地──液態保態保健食品製造工廠以及艾多美產業集群，目前已於2022年5月開始動工。艾多美中國將透過護膚品、彩妝品、身體保養品、生活用品、食品等在中韓產業園區內的艾多美生產基地製造之產品進軍中國市場。此外，還會持續推動發掘與介紹中國優秀產品的GSGS戰略，以提升可持續商業競爭力。

Episode

共同成長的典範——艾多美與科瑪BNH

科瑪BNH被列為韓國未來創造科學部的第一號研究院企業，結合了韓國原子力研究院的經驗與技術。科瑪BNH是第一家民官合資企業，也是艾多美創立初期合作至今的合作公司。艾多美的主推商品HemoHIM以及艾多美凝萃煥膚系列等兩百多種產品都在這裡生產。2015年，韓國原子力研究院首次於KOSDAQ上市。科瑪BNH的整體銷售中，艾多美銷售所占比例達80%。

艾多美與科瑪BNH的緣分始於HemoHIM。HemoHIM是艾多美最具代表性的商品，以韓國原子力研究院的技術為基礎開發而成，是效果獲得認證的卓越產品。雖然產品在開發初期就獲得媒體廣泛關注，未上市就頗具知名度，但現實卻不如想像中美好。HemoHIM初期銷售業績低迷不振，2006年當時整間公司職員甚至只有八個人。

但在遇見朴韓吉董事長之後，HemoHIM有了截然不同的轉變。透過艾多美的零售網路實現了產品經濟規模，將成效反映在原價，進而大幅調降了產品售價。現在，HemoHIM成了艾多美與科瑪BNH公認的經典產品。

科瑪BNH在遇見艾多美之後，2021年成長為全年銷售達5,930億韓元的大企業。HemoHIM驚人的銷售量與科瑪BNH的飛躍式發展，是與艾多美合作所創造出的最佳成果。

除了生產與銷售產品的合作關係之外，艾多美與科瑪BNH共同經歷了草創期的諸多困難，關係也因此變得更加緊密。創業初期，科瑪BNH不僅為艾多美會員提供教育場地與免費餐點，還開放想參觀生產設施的會員進入製造設施與研究開發設施進行參觀，在各方面提供了極大協助。主動為彼此提供支持，久而久之便積累起對彼此的信任，讓雙方的關係更加密不可分。

科瑪BNH目前正在加速與艾多美一同進軍中國市場的步伐。持有100%科瑪BNH股份的江蘇科瑪（江蘇科瑪美保科技有限公司）工廠已於2019年完工，與艾多美50：50合資設立的煙臺科瑪（煙臺科瑪艾多美保健食品有限公司）生產工廠也已於2021年底完工。如同一路走來的過程，科瑪BNH與艾多美今後仍會持續緊密合作，書寫合力成善的新歷史。

一品一社原則

合作公司不是成功的手段，而是成功的夥伴

What & Why

一同經歷成功的機會到失敗的危機

艾多美不僅重視人與人之間的關係，也十分重視企業合作方面的道義。雖然商業世界裡十分講究利益得失，但艾多美依然堅持必須遵守商界的禮儀與正道。充滿算計的交易使合作無法走得長久，我們已目睹過無數因利益而分道揚鑣的案例，但艾多美願與合作公司共同經歷事業的難題與失敗的危機，彼此是講究道義的關係。

銷售量增、事業蒸蒸日上的時候，任誰都能和平相處。艾多美不僅與合作公司分享成功的機會，也共同承擔創業初期的不安、出乎意料的難關、突如其來的危機。對於長期合作的合作公司，艾多美總會積極聆聽對方需求，並提供長期且穩定的解決方案。

艾多美不會因為事業規模擴張而拋下舊有合作公司，轉向以更好的條件尋求其他合作對象。即便銷售量突然增加，艾多美依然會投入大量成本與時間幫助舊有合作公司成長，而非另尋規模與自身相符的合作公司。這是因為對艾多美而言，不管是顧客還是合作公司，都是艾多美的夥伴而非邁向成功的手段。

How to

只管品質，銷售交給艾多美

艾多美致力提供最好的資源，讓合作公司能全心全意專注在產品本身。「最高品質」是艾多美對合作公司唯一的請求與囑咐。正因如此，合作公司毋須擔心市場行銷或銷路等問題，可以專注在產品開發與生產上。能完全投入在自己專業的領域之中，當然就能得到最好的成效。

企業的基石是職員的幸福，不僅艾多美職員，合力廠商的成員也適用這種信念，也需要維持幸福及安穩。公司需要能營運穩定、細心關懷職員們所面臨到的種種困難，為福利制度、職場環境做出改善。

就像艾多美的創業理念一樣，「均衡」是健康增長的重要基石。只要有一個地方失衡，業務就難以順利進行。因此除了生產廠家之外，也要讓第二合作公司和第三合作公司獲得應有的利益。消費者、職員、合作公司之間的均衡分配結構，是艾多美經營上的重要原則。

有難同當的大家庭

艾多美絕對不會隨意替換合作廠家，除非對方不講究誠信。如果發生無法避免的情形，則會在相互理解與協議之下尋找對策。長期合作的信賴會讓關係變得更加穩定。合作的雙方不僅是單純的合作夥伴，而是帶著自主意識，能獨立開發更好的產品。這是因為在不知不覺中，跟艾多美成為了共患難的一家人，形成一個有福同享、有難同當的大家庭。

艾多美絕不會無視於合作公司所面臨的困難。艾多美總是告訴合作公司，若面臨資金不足的問題，在前往銀行之前，務必先找艾多美一起商討解決對策。到銀行當然可以借錢解決眼下的問題，可一旦加上利息之後，這些負擔終究會回到消費者身上。艾多美會在可行的範圍內提供合作公司預付款，減輕合作公司不必要的金融負擔。艾多美與合作公司之所以能像真正的一家人一樣關係緊密，是因為有著為彼此著想的一顆心，願意同時成長，成為夥伴關係，正意味著彼此要像家人一樣相互幫助。只要積累足夠的信任，「不信任成本」就會跟著降低。

Episode

「我可以幫您什麼？」
Saeromfood

Saeromfood是一家使用韓國產原料製造速食麵的公司，將「艾多美馬鈴薯蔬菜拉麵」供貨給艾多美。Saeromfood一開始對與艾多美的合作感到懷疑，因為他們認為與使用進口麵粉製造的速食麵相比，缺乏價格上的競爭力。不過艾多美也有著同樣的擔憂，艾多美要求Saeromfood在維持最高品質的條件之下盡可能壓低價格。在歷經深思熟慮之後，Saeromfood決定將售價調低15～20%。雖然一開始出現銷售赤字，但後來銷售量年年增加，才終於轉虧為盈。

Saeromfood在2012年與艾多美進行首次交易後，於2018年創下了217億韓元的銷售紀錄，在該公司的整體銷售中，艾多美占了50%。即便過去五年間公司曾經歷人力成本與原物料價格上漲，依然沒有調漲產品價格；究其原因，除了出貨量增加之外，同時也因為公司努力自行吸收價格調漲因素。在艾多美嚴格的品質管理標準之下，不僅改善了工廠設備，還針對品質管理進行投資，最終得以降低成本。Saeromfood先進的工廠營運大獲好評，成為其他工廠效仿的最佳典範。

然而，與艾多美合作之後持續成長的Saeromfood也面臨了巨大難關。2016年12月10日，疑似漏電造成的一場大火引發了重大損失。這場火災讓完州工廠的一整棟杯麵生產線和一棟辦公大樓被徹底燒毀。原料倉庫也有一半以上毀於祝融，裡頭存放的原料和輔料瞬間被燒光。這是一場損失金額高達35億～40億韓元的大火。

當時，艾多美副董事長都敬姬聯繫了心情沉重無比的Saeromfood代表。「我可以幫您什麼？」這句充滿真心的話鼓舞了代表，讓他有了重新站起來的勇氣。艾多美決定捐贈10億韓元讓Saeromfood重建被大火吞噬的工廠。原本僅靠火災保險賠償金還不足以增設生產線，艾多美的捐款起到了非常大的作用。此外，艾多美還向會員公告Saeromfood的購買數量僅限一人一組，耐心等待了Saeromfood一年多的時間，並持續在旁給予鼓勵與支持。即便夥伴面臨困難，艾多美也會一直默默守護，絕對不會離之而去。

Saeromfood工廠恢復正常之後，決定在價格不變的情況下向艾多美增量供貨17%的韓國產麵粉艾多美馬鈴薯蔬菜拉麵。知恩圖報的良性循環使彼此之間的關係變得更加緊密。今後，艾多美也會繼續與Saeromfood維持合作關係，並一同努力持續開發出創意新品。

只有艾多美合作公司才能實現的成功
LOGIFOCUS

成立於2007年的LOGIFOCUS是一家提議、構建、營運物流系統的專業物流代理公司。LOGIFOCUS與艾多美是從2009年，雙方都還是企業新創立時開始合作，兩家公司一起穩步成長至今。艾多美的年間物流量從2009年的18萬件，至2019年突破1,000萬件，增加高達55倍之多。目前為每月120萬件，單日3～4萬件，遙遙領先其他同業。艾多美的物流量持續增加，同時帶動了LOGIFOCUS的飛躍式發展。LOGIFOCUS提供的先進物流系統在艾多美擴張事業版圖時也發揮了重要作用。

物流是顧客收到產品前的最後一道程序，是不亞於產品品質本身的重要服務。為了提供最好的服務，客戶與物流業者必須有良好的默契。艾多美在旁積極提供協助，讓物流公司能有最好的表現。

雖然有艾多美提供大力支持，合作初期爆發式的物流量增加依然讓LOGIFOCUS吃不消。隨著艾多美事業快速擴張，當時LOGIFOCUS的規模開始無法承受巨大的物流量。而且當時該公司資金並不十分充裕，無法一次進行大量投資。

2014年夏天，物流中心搬遷與新物流系統構建日程重疊，造成配送出現三週的延誤。當時中秋旺季即將到來，但物流承載量卻不到平常的三分之一，公司負責人只能徹夜進行作業。那個時候，都敬姬副董事長與職員一同出現在物流中心。為了幫助人手不足的物流公司，艾多美一行人帶著零食前往物流中心。都敬姬副董事長與艾多美職員們分組，為LOGIFOCUS提供好幾週的人力支援。當合作公司面臨危機的時候，必須不分你我努力互助。艾多美甚至還提供設備投資資金，並確保合作公司有足夠的時間完成設備增設。此外，還以週為單位進行結算，以現金支付貨款，設身處地為合作公司著想。

申尚祐代表曾說：「LOGIFOCUS之所以能擁有今天的競爭力，都是得益於艾多美。」從只有150坪大的小倉庫開始，一躍成為中堅綜合物流公司，都是因為有艾多美的無條件信任。多虧了這麼長時間的信賴與支持，LOGIFOCUS與艾多美一起朝著「顧客成功」的共同目標不斷前進。艾多美與LOGIFOCUS不只是客戶與合作公司的關係，而是真正的事業共同體。

顧客幸福中心

客服專員的幸福造就顧客的幸福

What & Why

讓顧客的幸福更加完整的顧客幸福中心

艾多美的消費者服務中心不僅僅是處理顧客諮詢事項，而是主動確認顧客需求，提前做好解決問題的準備。所以艾多美將消費者服務中心命名為「顧客幸福中心」，是因為這裡是為了顧客的幸福而存在的地方。

艾多美顧客幸福中心不只希望能讓顧客滿意，還真心希望能為顧客帶來幸福。幸福具有強大的感染力，想為其他人帶來幸福，必須先讓自己保持在平靜的心理狀態。光靠指南裡規定的方針，無法向顧客傳遞發自內心的幸福。艾多美之所以為客服專員提供良好的工作環境、賦予客服專員較高的權限，也是因為希望客服專員能全心全意傾聽顧客的心聲。

艾多美的客服專員重視消費者的權益更勝於公司的利益。當顧客利益與公司利益相互衝突時，會站在顧客立場解決問題。只要是來自於顧客的回饋，一定能為艾多美提供新的發展方向。顧客幸福中心並不是為了經營事業而滿足顧客，而是堅信企業之所以存在是為了讓顧客獲得成功。

How to

打造夢寐以求的工作環境

艾多美顧客幸福中心是能同時讓顧客和客服專員感到幸福的工作環境。客服中心必須承受高強度的情緒勞動，離職率也因此高於其他職業。但過去十年來，艾多美客服中心的平均離職率維持在個位數，創業初期的大部分工作夥伴都還在工作崗位上。這是因為艾多美相當清楚諮詢工作的重要性，也從公司層面出發，不斷改善工作環境與員工待遇。

艾多美透過各種文化與治癒活動，幫助客服專員紓解壓力。客服專員必須要先感受到幸福、讓自己維持平靜的心理狀態，才能順利與顧客進行溝通。除了舒適自在的工作環境以外，還提供實際有感的福利制度。最具代表性的就是針對客服專員的子女提供的「幸福Dream獎學金」，每年針對進入中學、高中和大學就讀的子女分別提供100萬韓元、200萬韓元、500萬韓元獎學金。2018年起至2021年，共為54名客服專員子女提供約達1億3千萬韓元的獎學金。考慮到客服專員大部分為女性，還提供女性職員專用產假與停職制度。

此外，針對工作一年以上的職員提供子女入學照護休假制、緊急子女照護工時縮短制、入學子女工作時間縮短制等福利制度。得益於這些制度，即便工作強度高，顧客幸福中心依然能成為職員們想繼續工作、想一輩子工作的環境。

為顧客著想的無限決策權

顧客幸福中心是在第一線與顧客緊密溝通的平臺，顧客透過客服專員的聲音與態度感受並體驗艾多美這間公司。在顧客幸福中心工作的人必須懷抱代表艾多美的使命感去面對顧客。

比客服專員的態度更重要的，是客服專員傳遞的訊息。顧客幸福中心的客服專員會盡可能從顧客的立場出發，尋找對顧客最有利的解決方案。即便有既定原則，若出現彼此意見互相衝突的情形，也會優先考量顧客立場並作出決定。光靠一份指南，沒有自己的觀點的話，是難以主動應對顧客的各種需求的。為此，艾多美賦予客服中心職員退貨、換貨的決定權。如果在電話諮詢過程中與顧客做出約定，那麼公司就必須無條件兌現。賦予職員無條件的權限也許聽起來非常危險，但艾多美百分之百相信每一位客服專員，才敢果斷地給予空白支票。空白支票裡的填寫內容，由客服專員自行決定。只要是為了顧客的利益著想，不管是什麼樣的決定，艾多美都會無條件支援。

全心投入資質與能力的提升

客服專員的能力是左右顧客幸福中心品質的核心要素。客服專員是公司與顧客之間的橋樑，必須聆聽顧客意見以及不便之處並轉告公司。因此比其他職業更需要豐富的工作經驗。

艾多美透過有系統的教育訓練課程持續提升人員的服務諮詢能力。透過CS能力提升等實務教育和經營哲學理解，將艾多美的精神反映在諮詢過程中。教育訓練課程細分成客服專員、管理者、專家等不同領域，並為優秀的客服專員提供升遷與海外研習機會。此外，還透過治癒研修班等能激發客服專員動力的活動，讓客服專員自發性地參與到教育與工作當中。透過高水準諮詢服務讓顧客相信艾多美，是艾多美的最終目標。

Episode

朴韓吉董事長的
顧客幸福中心幸福指南創刊詞

顧客幸福中心是在第一線幫助顧客實現成功的部門，可說是公司裡最重要的部門。適逢第三版CS指南發行，我們必須重新檢視看待顧客的視角。千萬不能忘記用謙虛的態度服務好每一位顧客。

第一、發工資的不是董事長，而是艾多美的顧客。因此必須尊敬顧客更勝於董事長。

第二、客服專員不應為了公司利益而與顧客爭吵，請向公司爭取顧客的合理權益。

第三、客服專員是公司的名片，客服專員的一言一行都代表著公司。客服專員對顧客做出的承諾，公司一定得兌現。客服專員有權為了顧客的權益做出決定，而公司則有義務去實現這些約定。

第四、務必對顧客面帶微笑，顧客可以透過聲音感受到客服專員的笑臉。客服專員辦公桌前一定要有一面鏡子。有句話說，嘴角上揚多高，工資就上調多高。

第五、提高說話音調，用愉快的聲音跟顧客對話，親切也是需要訓練的。

第六、徹底熟悉公司工作，是應對顧客時的基本禮儀與服務。無論再怎麼親切，若不能快速解決顧客的問題，就無法讓顧客滿意。

第七，把顧客的不滿意當作是感動顧客的機會，用更主動的態度去勝任工作。顧客的不滿意就是艾多美發展的動力，不喜歡艾多美的顧客通常會選擇安靜地離開。

第八，客服專員必須常保幸福，才能真正讓顧客滿意。我會為了客服專員的幸福付出最大的努力。給我每個月工資的是你們每一個人，讓我們一起用謙虛的態度，真心服務好每一位顧客。

艾多美董事長 朴韓吉

打造美好未來的
幸福Dream獎學金

「幸福Dream獎學金」是都敬姬副董事長提議的制度。獎學金由副董事長親自支付，而非從公司帳戶撥款。副董事長的經驗，成為了促成獎學金制度的重要契機。

「現在想起來我依然會流淚。當時，我存不到進入大學必須要準備的530萬學費。沒辦法向身邊的人借錢，也不好意思向其他人開口。記得當時，我用孩子打工的工資和我微薄的積蓄，好不容易才湊到530萬。等到經濟狀況改善之後才想：我要成為一個富裕的老奶奶，為每一位需要幫助的人伸出援手。」

都敬姬副董事長認為，這是公司能為前程無量的學生們提供的微小幫助，因此建議創辦獎學金。雖然當初自己沒能得到幫助，但她仍希望可以為每一位面臨困境的職員伸出援手。

「人們總說人工智慧和第四次工業革命會讓許多職業消失，但像客服專員這種與情緒密切相關的職業是不太可能消失的。希望客服專員的子女們能認為，因為媽媽認真工作才能讓自己有辦法上學。媽媽們也要記得，很多事情是只有身為媽媽才能做到的、很多事情是身為媽媽而必須去做的。」

都敬姬副董事長強調，只要用媽媽的心境去看待，就能解決所有問題，並希望透過「媽媽領袖哲學」成為自身工作領域的專家。

「顧客幸福中心」是

為了顧客的幸福而存在的地方。

艾多美中國願景中心

艾多美進軍世界最大直銷市場「中國」，並努力紮根成為世界級企業。

艾多美中國願景中心

建築內部有各種會員與職員的工作和休息空間。

HOLA
SALUTON
FAITH
VISION
SPIRIT
HUMILITY

艾多美Orot

艾多美Orot不僅是一間專業食品企業，也是一座食品園區，是有實力的中小食品企業的孵化器。

atom美
ATOMY
atom美
ATOMY

艾多美Orot食品研究室

在食品學、營養學專家們的努力研發之下，艾多美Orot的產品不斷升級進化。

4

阿米巴DNA

企業文化與工作模式

目標設定

工作就是將現實化為目標的過程

What & Why

把現在當成未來藍圖

工作從明確定義概念開始。在艾多美，工作的意義不只是單純的「職務」。當我們把所處的情況視為「現實」，當想達到的未來視為「目標」，那麼將現實化為目標的過程就叫做工作。因此，為了定義自身工作，必須確實掌握自身所處位置（As-is），並以此為基礎，設定要達到的目標（To-be）。如果沒有目標，就等於沒有工作。

這不只適用於公司，同樣也適用於個人。如果公司的願景太模糊，或是公司員工未確實掌握公司方向，不管多努力、多腳踏實地的工作，一切都將徒勞無功。在沒有正確的目標、願景和未來方向的情況下工作，並不能算是真正的工作。沒有目標的話，每天就只能如機器般重複相同的工作。

為此，必須要先明確公司的願景，並針對願景制定相應的目標。制定比現實高出一個層面的目標並與公司共用，再將現實轉化為願景的過程，就是真正的意義所在。

How to

主動制定並共用願景

若是缺少願景和目標的樹立，工作本身就沒有意義。在缺少方向性的情況下，只是在公司不斷重複相同的作業，等同於沒有在工作。公司職員必須進行能對公司願景、組織目標起到實質說明的行為。艾多美的公司願景並非由CEO單方面決定並公布的，而是由每一位職員親自制定。這個時候，彼此之間的溝通是非常重要的。必須針對公司的終極目標持續加強溝通，並致力於與每位職員根據自身情況規劃願景、制定目標。在此過程中，將公司的目標與自身願景相互銜接，制定出共同追求的新目標。透過溝通所制定的目標，就是我們所有人的目標。

追求絕對目標而非相對目標

艾多美制定的是可達到的最高目標，也就是「絕對目標」，並為該目標而努力。在絕對目標方面，我們擁有無可比擬的競爭力。比如在開發商品，艾多美追求在可行範圍內做出最好的品質，並將價格壓到最低。產品真正的核心價值在於品質與價格，而非優於其他競爭對手的強項。如果不能大幅提升產品的品質，降低價格，馬上就會被其他競爭對手迎頭趕上。然而，若制定看似遙不可及的絕對目標並加以挑戰，就能擁有任誰也追趕不上的產品競爭力。

在個人工作方面，絕對目標就是讓工作消失。讓工作消失不等同於不工作，而是跳脫重複的工作模式，讓工作產生新的價值。以客服中心為例，「讓接電話的工作消失」就可以說是一種絕對目標。如果能理清顧客的問題並事前提供常見問題的解答，或是透過AI系統回答問題的話，客服人員就不必親自接電話，可以更專注地在顧客滿意服務等更有價值的事情上。艾多美客服中心正逐漸從每週休二日轉換為每週休三日，目前每個月有一週為休三日，今後將往隔週週休三日的方向調整，最後目標為完全實施週休三日制。

拒絕平凡，擁抱非凡

當每個部門決定好為了達成公司目標該做哪些工作之後，接著就會決定部門當中每個職員的待辦業務。這個時候，職員的義務就是發揮自身所長，以完成交辦業務。根據不同的工作，每個職員要不斷提升自我，並跟隨趨勢學習新的知識。將自身工作能力提升至最高是至關重要的，對於自己的工作，必須抱有成為世界頂尖專家的目標不斷學習的態度。除了工作能力開發之外，還不能忽略思考能力的鍛鍊。在資訊與知識的浪潮中，準確辨別的能力比什麼都重要。即便資訊與知識再多，都必須要有自己判斷的標準，必須不斷訓練思考能力，尋找判斷標準，明確描繪未來。「與眾不同」來自於不間斷地努力。

Episode

克服界限的原動力，絕對目標

「青年時的朴韓吉」在炮兵部隊服役擔任通信兵，當時，朴韓吉董事長正在準備為架線員進行電線杆攀爬演示。架線員必須在戰爭發生時快速架設電話線，因此不斷重複快速地攀爬電線杆的訓練。軍團炮術競演大會上的「攀爬電線杆」可以說是展現各部隊架線員實力的重要專案，參加者代表自身所屬部隊，肩負重大責任。

不斷重複同一件事，就能成為該領域的菁英。通常在二等兵時期，來回爬一次電線杆需要至少30秒時間，經驗越豐富速度就越快。到了上等兵時期為18秒，兵長則又縮短至13秒左右。朴董事長非常認真地進行訓練，最後代表部隊在軍團炮術競演大會上演示攀爬電線杆。雖然他的速度無人能敵，但依然不能大意。因為其他部隊有可能出現速度比他更快的士兵。隨著大會時間越來越接近，經常聽到哪個部隊的誰破了幾秒，哪個士兵的速度快得像松鼠一樣。

無從得知競爭對手的實力到底如何，不知道該以什麼為目標進行練習，讓朴董事長感到十分迷茫，他只能設定一個誰也無法超越的「絕對目標」。經過一番深思熟慮，朴董事長想出了一個絕妙的辦法，就是「把立著的電線杆放平」。將直立的電線杆放平後，從一端開始快跑到另一端，再折返回原點，花了3.4秒。電線杆直立時的攀爬往返速度絕對不可能比3.4秒還快，因此3.4秒便成了他的絕對目標。他堅信，只要能接近3.4秒，就一定不會被任何人超越。他以3.4秒為目標，「熱血沸騰！」攀上電線杆又再次折返，只要速度能接近電線杆平放時，拿下全軍大會的第一名一定不成問題。因為不管攀爬速度再怎麼快，都不可能比電線杆平放時更快。

就像這樣，任誰都無法追趕上的目標就是「絕對目標」。樹立「絕對目標」並反覆練習好幾個月之後，朴董事長成功達到了3.6秒，與電線杆平放時的往返秒數只相差0.2秒。

大會舉行當天，上場比賽的朴董事長堅信自己能拿下勝利。其他士兵花多少時間不重要，只要自己能創下接近絕對目標的紀錄，就能勝券在握。

工作的本質

讓工作消失，就是在工作

What & Why

讓工作消失而不是單純完成工作

在不知道工作真正理由的情況下埋頭苦幹，很可能會事倍功半，讓工作越來越多。很多人都誤以為忙碌是一種美德，必須忙得不可開交才是有能力的人。但是在艾多美，工作的本質是「讓工作消失」。艾多美的絕對目標，就是讓工作消失，這才是真正的「工作能力」。

艾多美的員工不是「來工作的人」，而是「來讓工作消失的人」。工作消失並不代表工作崗位消失，將人們工作中不必要的部分去除，用更新穎、更創新的方式來替代。若用問題意識去看待每天一成不變的工作，也能發現其中的不同之處。當工作變得沒有效率、不斷重複的時候，就必須積極地尋找改善方案，去除不合理的因素。去除工作的最重要原因，是為了做真正需要的工作。不能因為情況不允許就逆來順受，而是必須不斷設定新的目標，並用更有創意、更有效率的方式去創造工作。艾多美Park的概念是「體育館中的辦公室」。艾多美想打造一個讓來上班的全體職員都能樂於運動的辦公室。當這個目標實現，艾多美就能被稱為是「絕對公司」。

How to

切勿混淆工作目標與工作方式

若能明確區分工作「目標」與達成目標的「方式」，就能去除大部分不必要的工作。假設我們要擰緊螺絲，人們通常都認為，在相同時間裡能更快擰更多螺絲的人，就是有能力的人。總是努力把10秒縮短為5秒、再把5秒縮短為3秒。但只要發明一台機器，就能用1秒甚至是更短的時間解決這個問題。但諷刺的是，最有效率擰好螺絲的方式，其實是「不擰螺絲」。也就是說，不是一味地快速擰好螺絲，而是讓「擰螺絲」這個動作消失。當一個人專注在擰螺絲當中，就會忘記原本擰螺絲的目的。螺絲只是連接物體的方式之一，如果能找到更好的替代方案，就不用費心費力地擰螺絲了。不管擰螺絲的速度再怎麼快，都不可能超越「擰栓螺絲」。這就是所謂的「絕對目標」，必須對工作所需的終極目標與工作本身存在的理由進行思考。不單是滿足於認真工作，讓工作消失才是艾多美真正追求的工作方式。懂得讓工作消失的人，才是真正有工作能力的人。

成為工作終結者

有些人一聽到讓工作消失就會擔心工作崗位不見。因為他們擔憂，工作消失之後，這個崗位不再需要人去管理。從傳統定義來看，工作消失之後，從事這份工作的人也就不再被需要。在以前的製造業當中，技術人士擔心若透露自己掌握的技術就會讓工作崗位消失，因此故意營造出「只有自己才能完成這份工作」的工作環境。這種人才是公司需要加以警戒的人。如果公司因為一個人而陷入癱瘓，那麼這個公司可謂毫無希望可言。即使少了一個人，公司還是必須能正常運作，工作必須如期完成。

這是曾經發生在某一家企業的故事。有幾位技術人員擔心自己會丟飯碗，因此故意將技術保密，少了他們公司就無法正常運作。此時，公司的經營團隊下達了命令：「裁掉所有可能讓公司陷入癱瘓的人。」聽到這個命令之後，技術人員紛紛開始將自身技術傳授給其他人，新產品因此不斷誕生，公司的銷售也呈現飛躍式增長。工作崗位不但沒有不見，甚至招聘了更多新職員，將技術分享給其他人的技術人員不但成功升職，還拿到了更高的薪資。

艾多美所說的工作，有更大、更廣的概念。我們並不是要讓一個小崗位消失，造成原本在崗位上的人被迫離開。每份工作都需要有人不斷思考、不斷提升工作效率，因此人並不會消失。讓工作消失，指的是成為工作的終結者。如果一個人跟著工作崗位一起消失，代表這個人是只會這一項工作的「熟練工人」。我們必須成為多才多藝的工作終結者，而非單純的熟練工人。現在所做的工作，必須跟一年、五年、十年後的工作有所不同。若只是原地踏步，就會在競爭當中掉隊，甚至被其他人超越。

創造系統，就是工作

各領域的專家齊聚一堂，打造出艾多美這家企業。艾多美這個公司必須成為能讓頂尖人才發揮所長的家園。個人的才能並不代表一定能創造出公司的成果。因為能帶來穩定增長的不是優秀人才的個人發揮，而是讓人才擁有的實力激盪出加乘效應的系統。為此，需要從更廣泛的角度去看待公司的結構。管弦樂團裡的團員各自演奏自己的樂器，讓這些聲音結合成美妙音樂的，正是指揮家。即便不是指揮家，也必須得是懂得仔細聆聽各種樂器聲音的人，才能融合出最美的合音。我們在工作的時候，同樣也需要有指揮家的思考模式，必須了解不同工作的專業性，並創造能有效將其連結的系統。

當擺脫個人、進入系統性工作的時候，就能發揮爆發式加乘效應。不只是單純沉浸在自身的工作，而是將眼光放長遠，讓自己學會用更廣的角度去看待工作。掌握自己的工作與哪個部門的哪一位員工有關，並用有效的流程將其銜接。當每個人的專業性能與公司的力量相結合，艾多美就能成為更強而有力的公司。

自律創意

隨你的意，讓我滿意；隨我的意，讓您滿意

What & Why

打破組織的基礎就是對人的無限信任

按照自身意志無條件行動並不代表自律。艾多美的自律，指的是主動為自己設定目標，並透過創意思考與主動決策，獨立達成目標的過程。當公司提供能自律的環境，個人就會感受更強烈的責任感。一旦意識到這個基本命題，任誰都能用更有創意的方式去完成工作。

人原本就對成就充滿渴望。透過自發性努力達成的結果，能給人們帶來無法超越的成就感。艾多美追求讓主動投入工作的員工能創造成果、不受職級與職位限制、自主決定並創意思考的工作環境。艾多美的自律信賴來自於對人的無限信任。自由職級制、彈性工作制、自由座位制等創新制度都是以「信任」為前提，方能體現制度原本宗旨。

How to

我的職級，由我決定

在艾多美，我們沒有傳統的職級體系，而是由職員自己決定自己的職級，是一種「職級登記制」。大部分公司重視的是自上而下（Top-down）的上下關聯式結構。有人隨著資歷的累積而升遷，也有人隨著時間逐漸被淘汰。在這個過程中，勢必會導致人與人之間的嫉妒，過度競爭的結構也會浪費不必要的資源。艾多美之所以不惜破壞職級制度，採用更有彈性的公司體系營運方式，是希望能減輕不必要的緊張感，營造能讓員工更全身心投入工作的氛圍。公司的職級或職位是為了將成果最大化而存在的體系。工作必須由人來完成而不是崗位，即便是第一天上班，如果能用部長的能力與思考模式完成工作，就有足夠的資格成為部長，而不是停留在職員的身分。做好自己所選擇的份內工作，就絕對不會出現任何問題，這一點對高層企業家來說也不例外。朴韓吉董事長從只有兩三名員工的時期開始就使用「董事長」這個職級。雖然公司的規模不大，但朴韓吉董事長總是以不辜負「董事長」的信念認真工作。

自由地工作，看得見的成果

公司有彈性並不代表能用鬆懈的態度去面對工作成果。當工作的權限擴大，就必須對工作負起更大的責任。必須思考該如何「隨我的意，又能讓您滿意」。想達成讓對方滿意的成果，就必須不斷地進行溝通。必須在資訊完全透明公開的情況下，打造出能自由討論的公司氛圍。在建設新公司大樓艾多美Park的時候，對於空間的利用有非常多不同的意見出現。當時，朴韓吉董事長就自由座位制一事與職員們展開數次討論。追求將辦公室作為溝通空間的董事長不斷聽取職員的意見，直到讓他們對自己的想法產生共鳴。跟隨自己的意願推動工作，當中還包含爭取有關人士的理解與同意。在彼此利益關係不同的情況下展開討論並取得共識，能讓公司變得更加強大。

以工作品質取勝而非時間長短

艾多美是一個非常自由的公司。按照規則腳踏實地完成工作雖然重要，但確實取得成果也非常重要。不能因為自己很早打卡上班又加班到深夜，就覺得自己仁至義盡。在一段時間裡完成了哪些工作、取得哪些成果才是真正的核心所在。在辦公桌前坐多久不重要，工作成果的品質高低才是關鍵。艾多美讓所有員工決定自己的上下班時間，並讓員工打造出能提升工作效率的環境。艾多美並不是花錢買員工的時間，薪資不是工作時間的代價，而是每一位員工思考與努力的代價。透過思考去完成工作，績效便會體現於工作成果中，換言之，公司是用薪資去換員工的績效。因此，對公司職員也必須以長期成果來判斷，評價會透過同事的回饋獲得證實。

艾多美的員工懂得區分自由與放縱。只有理解何謂規律與嚴謹的人才有享受自由的資格，在享有無限自由的同時，也必須擁有擔負責任的能力。當能夠把自由當成是一種有意義的工作方式，就能創造出讓所有員工都感到幸福的成果。自由並不是目的，而是我們努力過後的果實。

阿米巴組織

以核為中心的自由型態組織

What & Why

艾多美從董事長到職員都坐在同樣的椅子上工作

艾多美的公司雖然有型態，但並不會被局限在框架之中。為了讓員工在工作時不受任何妨礙，艾多美致力於營造自由的工作環境。之所以能做到這一點，是因為艾多美不被傳統概念束縛，用自己的方式破壞了公司的原型。基本的業務分配依然存在，但並非完全固定。以目標為中心定義工作，以最有能力的人為中心進行分組。在艾多美，我們不受位階秩序捆綁，每個人都是自己工作的主人，因此能用更有彈性的方式完成工作。而讓這一切得以實現的，就是扁平化公司的文化。不是只做好上級指派的工作，而是對公司內部其他部門相關的所有工作都有所了解。

在艾多美，與垂直文化相比，水平文化的程度才是更重要的指標。當獨享資訊、指派、命令成為標準，企業便會喪失競爭力。艾多美的每一位人才都坐在一樣的椅子上辦公，自由且平等地發揮能力。艾多美使用的椅子是最好的辦公椅品牌「Herman Miller」，因為艾多美相信，無論做什麼樣的工作、無論經歷多或少，每個職員都有資格坐在最好的椅子上辦公。

How to

PM新職員、組員、董事長

在艾多美，隨時都會有新的組織誕生，也隨時都會有舊的組織消失。當有一個項目出現，就會形成一個完成該專案的組織，專案結束後組織也會跟著消失。這是一種以核為中心，不斷分裂、衍生的組織，就像阿米巴原蟲一樣。對於所有重要的工作，艾多美會建立一個有明確目標和期限的專案組織，並不是只為大型公司戰略成立工作小組，即便是再小的事情，也會成立專案組織去推動工作。專案組成立後，專案負責人（PM）就是最了解工作內容的人，必須用最有效率的方式推動工作。PM的職級或經歷並不重要，新職員也可能擔任PM，朴韓吉董事長也經常出現在組織裡以成員的身分工作。不管PM的職級是什麼樣，都擁有與董事長相同的影響力。在艾多美，影響力指的不是像職級這樣的銜章，而是自身工作影響的範圍寬廣。

取下銜章，學會講理

在講究水平組織文化的艾多美，並不是上司說什麼就必須做什麼。如果不明白為何要做這件事，就會不斷進行討論直到取得共識。最高經營者也不會獨斷地掌握所有決定權。因為身分高並不代表對所有細節都非常了解，普通員工也不一定不懂或不對。只要自己的工作夠專業，即使眼前站的是董事長，也必須勇敢地堅持自身的道理。當然，公司裡有我們必須遵守的秩序。破壞組織，指的是破壞組織裡的位階秩序。工作的時候，要「取下銜章，學會講理」。因此在艾多美，諸如「聽主管的指令而不得已行事」這樣的狡辯是絕對行不通的。工作必須透過實力而非職級來完成。說服他人最好的方式，就是讓自己掌握的資訊與對方掌握的資訊一致。彼此共用資訊，就能以同樣的觀點進行討論，得出相同結論的可能性也會隨之增加。

去除公司的臂章和結石

「臂章」與「結石」是公司內必須去除的弊病。透過非個人實力獲得的臂章隨意濫用權力，會讓公司生病。必須冷靜地檢討自己身上是否戴著以職級、年資、經歷為名的「臂章」，而非重視是否擁有實力。「結石」指的是公司裡的石頭。企業必須不斷有機地交流和運作，如果被結石堵住，就會導致各種問題出現，公司內部的機能也可能面臨癱瘓。然而，結石並不會自己消失，除了避免自己成為公司裡的結石之外，也要努力去除結石。如果為自己找理由說工作之所以無法執行是因為某個員工，這只會間接證明是自己工作能力的不足。此外，公司的負責人必須明白，去除公司組織裡的「結石」是極為重要的工作之一。

Episode

新手行銷人員的無限挑戰

朴韓吉董事長剛進入職場時，是在位於仁川的一家金屬工藝品製造公司上班。他先是在製造部門工作了一段時間，後來被分發到行銷部門。對於經驗非常不足、也沒有什麼人脈的新手行銷人員來說，這項工作可謂十分艱苦。即便認真工作能在金屬工藝品市場上占有一席之地，但市場規模太小，在銷售數字的提升上存在限制。

經過一番深思熟慮，朴董事長打算以公司的技術為基礎製作並銷售新產品，因此不假思索地前往附近的汽車公司。雖然當時對汽車和汽車零組件一無所知，但朴董事長的挑戰精神無人能比。到了汽車公司，朴董事長被警衛擋在外邊。當時他看上去就像個跑來汽車公司賣零組件的小商販，因此警衛不願讓他進入公司。一連四天，朴董事長每天都到公司報到，最後才成功進入工廠裡。

雖然成功進入工廠，但他並不知道該往哪去。東奔西走了一陣子，才終於見到開發部次長。當時，他一開口就表示能配合公司製作汽車所需的金屬工藝品。令人意外的是，負責人一聽完就丟了一疊厚厚的資料下來。後來才知道，這位職員是負責海外零組件國產化的技術負責人，立志領先全國開發新技術後卻一直沒找到適合的廠商，而朴董事長就在此時出現在眼前。該員雖然給了一大疊資料，但其實並未抱有任何期待。

「我做得到。」

朴董事長將這疊厚厚的資料抱回家，用超過一年的時間深入研究，最後終於成功開發出廠商要的零組件，並與廠商正式展開交易，設立了一間擁有數百名員工的工廠，為汽車公司供應第一次零組件。不料，在交易過程中出現了問題：兩家公司的規模落差太大了。通常合作廠商在會見大企業負責人時，會指派高一個職級的人前來。但現在則是一個來自不知名中小企業的普通職員要與大企業的部長或理事接洽，大企業根本不把中小企業當一回事。

「你們公司上面沒人了嗎？請公司的高層過來談吧。」

當時，朴董事長公司剛開始汽車部門行銷，單位裡沒有職級更高的主管。即便讓公司裡其他部門的高層人士前往，也因對工作內容不清楚，到頭來還是得自己處理完所有事情。每當這種情況發生，最讓人感到遺憾的並不是工作本身，而是職級。如果能換上代理或課長之類的職級，能接洽的對象就會變得更廣。這是朴董事長親自經歷的切身之痛，也讓他後來決定創新，在艾多美實施自由職級制。

權限與責任

賦予權限但不問責

What & Why

實務負責人就是最高決定權者

正確行使自身權限才是真正的負責任，當公司裡的人態度隨便又不願負責，就無法成為一流的公司。認真思考、不畏挑戰，才是每個人真正負起責任的態度。即使沒辦法達到預期的水準，這些經驗也都會積累成寶貴的資產。努力發揮自己擁有的資源與條件，這些過程一定能為我們帶來啟示，告訴我們為了達到目標該怎麼做、什麼該做什麼不該做，我們心裡會產生重要的判斷標準，讓我們在往後得以提升工作成效。光想不做是無法達成任何目標的，坐而言不如起而行。職階、職級、年齡、經歷等要素不會成為推動工作的絆腳石，即使眼前的人是董事長，也要勇於說出自己認為對的事情。如果用軍隊來比喻艾多美的職員，大概就像是上校與將軍。士兵雖然聽命行事，但上校與將軍則必須自行做出決定，這也是為什麼艾多美強調「自將擊之*」。

* 「自將擊之」出自《史記・高祖本紀》：「十月，燕王臧荼反，攻下代地。高祖自將擊之，得燕王臧荼。即立太尉盧綰為燕王。使丞相噲將兵攻代。」有「領袖親自率軍出擊」之意。以顯示親自上陣，不由他人代勞的決心。

How to

權限不等於權力

權限代表的是主動推動工作的力量，切勿將其誤會為對他人行使的權力或部門之間的矛盾。當我們過度放大自身職務範圍時，就容易出現問題。權限並不是為了干涉某人工作而存在，我們必須藉由權限讓自己更專注在工作上。我們對執行實務者強調權限而非責任，就是因為他們是最了解工作的人。對一個領域的專家賦予權限，能讓公司變得更有彈性。當擁有不同能力的專家都能發揮自身實力，艾多美就會擁有更高的競爭力。發自內心認同並尊重對方的權限時，自身工作的獨立性也會獲得保障。

信任資產等同於效率

權限的基礎，必須是對同事的信任。如果不信任彼此，又怎麼能認同對方所擁有的權限呢？信任與成本和效率有直接關係，企業的人事成本當中很大一部分是職員管理、監管、監視等源於不信任的成本。艾多美在創業初期就採用賦予所有職員執行權限的經營方式，不僅降低不信任成本，也增加了信任資本，最終得以減少管理成本並提升效率。艾多美的管理成本比其他同業還低，透過有效人力營運，從董事長到職員，每個人都以實務者的身分完成工作。

一人批准系統

批准的核心在於溝通，獲得批准的最終目的是透過公司系統與組織共用個人的工作。不能在忘記批准根本意義的情況下將其視為逃避責任的安全裝置。我們每個人都有決策的權利，但同時也有不斷交流、尋求最佳共識的義務。不要用「您不是批准了嗎？」這樣的話來迴避責任，而是必須透過不斷地溝通去應對瞬息萬變的情況。艾多美有著所謂的一人批准系統。不管是上下班打卡、休假、國外出差等都交給職員自己判斷、批准，費用也是如此。所有職員都持有公司的卡，可自由用於採購樣品、全球出差、用餐、教育費用、購買圖書等。

做出「終結者水準」的努力

賦予權限但不問責，就是間接表達員工在自身工作領域當中做出「終結者水準」的努力。決策的核心並不是隨心所欲，而是隨自己的心，但要能讓對方滿意。為此，必須要不斷思考直到「換作是他人也會跟我做出相同的決定」為止。艾多美的職員很清楚，自己做決定並不代表自作主張。公司的神經網是活的，就像一個有機體，內部神經網不斷作用，當每個艾多美員工都做出相同決定，才能說是賦予真正的權限。

Episode

隨我的意，讓您滿意！

不少人聽到我們要員工努力花公司的錢都會覺得很訝異。我們的預算超乎人們的想像，即使是幾十億、幾百億韓幣也無妨。但更驚人的是，花這些錢的時候不需要經過上級批准。艾多美讓執行實務者依自身判斷全權決定預算的編列與使用。我們只有會計稅務所需的簡單批准系統，講究彼此之間的信賴。

公司剛成立的時候，影像傳播負責人拿著審批單去找董事長。因為購買影像設備需要1億韓元的預算，想請董事長批准。當時公司銷售額約為幾十億，負責人認為一億韓元不是小數目，不能自己隨意決定。但朴董事長的回答卻始終如一。

「設備購買這件事，應該交由最了解也最深思熟慮的專家來決定。」董事長果斷地說。他還同時表明，即使明天新設備上市，讓公司今天買的設備變得無用武之地，也絕對不會追究責任。對公司來說，這絕對不是一個小數目，但董事長堅信，當金額越龐大，負責人就會越謹慎思考並作出決定。艾多美的員工不會因為判斷錯誤而被追究責任，也不會因為自己擁有決定的權限而隨意行事。

2016年1月，海外事業部墨西哥經理就進軍海外市場一事，向朴韓吉董事長尋求意見。

「想讓墨西哥法人在10月開始營運，該如何做到『隨我的意』又『讓您滿意』呢？」

朴董事長笑著答道：「就隨你的意吧！」

這是董事長能給負責人的唯一答案。

對墨西哥市場最了解的就是負責的經理，因此所有的決定也應以他的判斷為優先。反之，如果有人持反對意見或懷有疑問，負責人就必須去說服他們。當一個人做出全盤考量，對方卻不願意配合的時候，代表其中存在著資訊不對稱。每個人掌握的訊息量各不相同，因此容易產生誤解。我們需要有站在相同的立場討論與合作的能力。要隨我的意又要讓您滿意，需要組織內部不斷進行溝通與合作。

在艾多美，沒有人會因為按照自己的判斷行事而被譴責，但也沒有人會在未經周全考量的情況下隨意作決定。在艾多美，每個人都能感受到被賦予的權限重量並負起責任。這是因為我們有著給予權限卻不問責的組織文化。

創造空間・創造工作

玩累了再工作的公司

What & Why

自由空間催生創意想法

艾多美Park不僅是進軍國際市場的基地，也是全世界1,500萬名會員的驕傲。不同於一般企業的辦公室，艾多美Park注重玩樂更勝於工作，可以說是一座包含辦公室在內的遊樂園和健身房。娛樂空間和工作空間沒有明確界限，讓工作也像是在玩樂。所有設施都能在上班時間使用，也不會因為在上班時間使用而產生任何不利。艾多美將這裡打造成「能安心玩樂的空間」是因為相信：在自由的空間裡能催生出創意。遊樂和運動不僅對身體，也對職員的精神狀態產生影響。減輕壓力並將精神維持在最好的狀態就能提升工作效率。沒有哪個職員會只顧著玩樂、眼睜睜看著鼓勵職員玩樂的公司倒閉。如果說經營者致力於為職員提供最好的工作環境，那職員當然也會為了公司的發展而努力工作。無需下指令、無需監督管理，職員也會自動為公司努力，這就是艾多美的創造性創新。

How to

打破遊樂園與辦公室的界限

在打破遊樂園與辦公室界線的「遊樂辦公室」，有著一望無際的美麗風景、各種運動器材和游泳池。還有只會出現在真正的遊樂園裡的滑梯、步道、放滿橡皮球的海洋球池、設有籃球框的球場，這些都是能帶給職員靈感的素材。剛開始，有不少人對艾多美Park的概念持反對意見，擔心職員只顧著玩而不工作。然而，朴韓吉董事長卻反問：「有幾個人每天運動兩個小時以上的？」在像艾多美這樣不受組織的框架限制，能用充滿創意的方式工作的地方，反而能讓人感受到工作的樂趣，甚至可能過於投入工作當中而無法自拔。這也是為什麼打破工作與玩樂界線的流動性工作環境，以及在工作和玩樂之間取得平衡的空間很重要。艾多美Park不僅是讓職員工作的辦公室（Workplace），也是艾多美人最愛的提升生活品質的地方。

分與合之間，真正的融合式空間

艾多美的工作空間採用自由座位制，除了MIS資管和財務等需要專用電腦之外的部門外，都沒有指定的座位。上班後每個人只需將個人物品放到置物櫃，帶著筆記本到喜歡的位置就可以開始工作。一旁還貼心準備了推車讓職員方便搬運較重的資材。

當少了物理性的空間制約，人們自然就會開始產生交流。職員有更多的機會能與其他領域的人互動，與其他部門的人一起工作之後，資訊的共用也更靈活了。當然也有些職員習慣在同一個位置工作，這些都是個人選擇。艾多美Park的公共空間比個人工作空間大得多，有包含鞦韆式座椅的「鞦韆會議室」、像來露營一樣坐著開會的空間、用馬桶當椅子的會議室「Thinking Room」等各種各樣的工作環境，讓職員能自然地進行交流。當然各個角落也有裝設玻璃隔板的個人空間，讓職員能集中工作不被打擾。分與合之間，真正能夠自由運用的融合式空間。

刺激想像力與大腦的艾多美Park

艾多美付給職員的薪資是職員為公司做出的思考，而非為公司付出的時間。因此艾多美提供相應的制度與空間，讓職員能隨心所欲地使用時間。不同於勞動時間代表生產力的過去，在講究想像力與思考能力的時代，上下班時間並沒有太大的意義。隨著Untact和Ontact成為新的標準，人們開始在工作時不受時間與空間的限制。在人工智慧不斷發展的今天，我們必須思考該如何運用人工智慧、又該如何創造新的機會。在像艾多美Park這麼充滿創意的空間，職員們能大膽想像。從長遠的觀點來看，對公司發展也能發揮不小的作用。

Episode

工作狂朴韓吉董事長

朴韓吉董事長曾在汽車零組件公司當過主任，他是最典型的工作狂。當工廠要裝新的設備或開發新產品時，他總是不分晝夜埋頭工作，累了就在工廠地板或會議室桌上墊著泡棉小歇一會。

有一天，廠長對忙碌的朴韓吉董事長提議，一起開車到某個地方去。雖然朴董事長問：「要去哪裡？」廠長依然只回答：「先跟我來就對了。」當時朴董事長以為廠長只是要請他吃午餐，殊不知一睡醒，眼前竟然是一大片綠色網子。他們來到了高爾夫球練習場。卸下後車廂的高爾夫球袋跟著廠長一路走，有一位高爾夫球教練在等著他們。朴董事長驚慌失措地問：「我現在怎麼能打高爾夫球呢。我很忙，而且也不是悠閒打球的時機。」但廠長並沒有理會他，只說自己已經付了三個月的教練費，要朴董事長每天一定要來練習兩小時。雖然朴董事長堅持拒絕到底，但廠長卻說這是「公司的命令」。「繼續這樣工作下去你會沒命的，你是公司重要的資產，公司這麼做是為了保護你，聽公司的就對了。」

就這樣，當時朴董事長以三十多歲的年紀開始了高爾夫生涯。朴董事長之所以不斷將艾多美的工作環境打造成遊樂園，就是多虧了從廠長身上學來「工作與生活的平衡」的重要性。

人生的Work-Life Balance

勿為公司犧牲，請透過公司讓自己變得幸福

What & Why

艾多美存在的理由就是人們的幸福

艾多美是為了公司職員的幸福而存在的。我們相信，企業之所以存在是為了讓人們變得更加幸福，人不是為了讓企業成長而存在。但通常大部分企業都以利潤為目標來營運，大部分商業活動都著重於「能創造多少利潤」。就連雇用職員也完全遵循經濟理論，總是苦惱於如何用更少的成本創造更大的收益，投資了員工之後便想徹底利用他們的能力，就像在油田採油一樣。

但艾多美不這麼認為，因為我們知道，短視近利對企業的長遠未來沒有好處。職員快樂工作、取得成就並享受幸福的生活，對企業來說也是一大成果。職員的幸福有著超越金錢的價值，因為有著這樣的經營哲學，艾多美領先其他企業，提供兩倍退休金、生育獎勵金、長期職員家庭海外旅遊活動、福利卡等制度，以保障職員的退休生活。

How to

選擇幸福而非犧牲

艾多美希望所有成員在艾多美的生活能比其他地方更成功、更幸福。不管在什麼情況下，「人」都是目的而非手段，這就是艾多美的創業理念。職場裡也只是生活的途徑，必須將人的幸福視為首要。當職員感到幸福，就能心無旁騖地集中在顧客身上並提供最好的產品與服務，公司當然也能實現成長，形成一個良性循環。

如果職員能因公司而變得更幸福，那麼對職員來說，公司就是絕對不能缺少的珍貴存在，這麼一來，職員當然就會為公司付出更多努力，讓公司長遠發展下去，因為公司是幸福的泉源。以職員的犧牲來獲取成功的共同體並不健康，健康的艾多美追求的，是讓每一位公司成員都能盡情利用公司，努力工作、不留下任何遺憾，並過上幸福的人生。

以人生Work-Life Balance讓人生更富足

艾多美幫助每一位職員設計出屬於自己的均衡人生。我們將人生以三十年為單位分三等份，從出生到三十歲是學習期，必須習得人生的重要學問與知識。從三十歲開始的往後三十年，則會正式開始從事經濟活動。退休後的最後三十年則是人生的第二幕，除了生產活動之外，也要做一些讓自己有成就感的事，要去實現那些曾經因為生計而放棄的夢想。而影響這個人生計畫的因素之一，就是退休資金。僅透過一般白領階級的薪資並不足以為退休生活做好萬全準備。

在艾多美，公司為了扛起職員的整個生涯，實施各種福利制度也在所不惜。針對生計的基礎「薪資」制定最低下限，保障職員的基本生活品質。為了減少進入公司與退休時的薪資差距，還提升新進職員的薪資水準。除此之外，退休金也以兩個月為基礎進行累積。還建議職員將基本薪資用於每個月的生活費，並將公司獎金存為買房積蓄。這是因為艾多美認為，當有了房子、也獲得教師、公務員以上水準的退休金後，退休生活就能獲得保障。能工作的時候就快樂地工作，退休後就過上有意義的生活，艾多美與職員一起創造經濟自由。

職員的幸福就是決策的標準

艾多美的決策標準不是利潤，而是職員的幸福。即便蒙受金錢上的損失，也會做出能讓職員更幸福的選擇。正確來說，以無法用錢換算的真心來做出所有決定，是絕對不會出錯的。

舉例來說，艾多美鼓勵職員放心生育，不必看公司臉色。並將原本的生育獎勵金從二胎的300萬韓元提升至三胎的1,000萬韓元。在職媽媽要平衡公司與育兒並不容易，但艾多美願意為了職員的職涯而承擔起責任。努力工作不生育，也是取決於職員自身的選擇。艾多美只是認為，不能讓任何一個職員因為公司而不敢放心生育。

因此，艾多美鼓勵職員多請產假與育兒假。

只要是能讓職員變得幸福的選擇，艾多美都會尊重並給予支援，即便會對工作產生些許影響也無所謂。艾多美還為職員的家人提供相關福利制度，透過家族旅行經費支援制度，讓職員與家人一起創造美好的回憶。不僅如此，每個月還提供每人二十萬韓元額度的福利卡，可用於文化相關休閒生活，未使用的金額每月會自動捐給社會福利機構。這些福利制度都是來自於艾多美的企業文化——「所有企業存在的理由都在於讓人變得幸福」。

回饋

有公正的評價就沒有管理的必要

What & Why

懂得讚美與鼓掌的評價制度

艾多美以水平組織文化為基礎，保障每個職員的自由與自律。我們沒有職級、批准等一般組織系統，而是讓職員主動推動自己的工作。在以創新方式營運組織的背後，有著艾多美特有的評價制度。雖然賦予權限但不予問責是艾多美的原則，但事後必須經過檢討並給予回饋，針對結果進行客觀分析，並藉由有意義的回饋讓自己更上一層樓。這不是為了點出哪裡做錯或去責備誰的過失，也不是為了懲處某個人的失責，而是為了讚美並鼓勵職員做對事情。艾多美的評價追求的不是無情的信賞必罰，而是充滿關愛的真心回饋。為了與職員一起達成共同目標，組織會進行很多不同的工作，並針對所有過程與結果進行回饋。職員的態度會在完成工作的過程中自然而然地顯現，透過工作態度可了解一個人的價值觀。我們不僅針對工作成果進行評價，也會對過程當中出現的價值進行回饋。在重新審視工作過程與成果的同時，確認成員是否與公司的目標方向一致。

How to

給予充滿愛的回饋

艾多美並不是針對個人的價值觀或工作能力進行評價與回饋，而是注重基於艾多美價值與哲學的評價標準。艾多美追求的價值與哲學，顯現於珍惜靈魂的人事政策。我們不會以批評或個別評價來決定提供給職員的獎勵。差別待遇一不小心就可能會導致違和感，對組織的團結產生負面影響。過度競爭和不必要的不安心理會助長組織內的緊張感，對組織內部的合作造成妨礙。

艾多美提供給職員的現金獎勵、福利制度獎勵、關係獎勵等，對象包含每一位職員。其中，關係獎勵能讓職員產生非常大的動力，其作用不亞於實際現金獎勵。關係獎勵的基礎，是艾多美強調的勇於讚美與鼓勵的公司文化。對職員採用相對評價、排名次造成違和感等評價系統並不適合艾多美。唯有遵守「服務的品質與態度」、「正直與原則中心態度」、「正面影響力帶來的共同成長素質」、「追求完美的素質」、「著重改善而非批評的Chutzpah精神」等艾多美重視的標準，才能創造出過人的成果、培育出驚人的能力。

職務專業性與合作，是艾多美評價的雙翅

職務能力評價是針對個人是否能妥善處理工作進行考核。職務專業性是一個人必須具備的基本素質。因為若缺乏職

務專業性這麼基本的能力，任何合作都將失去意義。

艾多美的職務專業性評價著重於專業性是否符合組織樹立的標準。職員必須要能說明自己擁有的職能與專業性能對組織共同願景與目標帶來什麼樣的貢獻，光有意志與熱情是不夠的，為了培養出能做出成效並證明結果的工作能力，艾多美的職員需要不斷地自我磨練。對於合作的評價，則是由組織內其他部門的同事進行的評價。對相互合作進行的評價才是真正能檢討工作成效的絕佳機會。同時針對職務能力和合作進行評價，才能讓回饋變得更具體。艾多美透過下對上的評價和其他部門的評價等全方位評價模式，將評價的死角最小化。一旦有了公正的評價，就無需另外進行管理，這就是管理的破壞，就是艾多美的「絕對評價」。

口碑管理也是重要的能力

口碑評價是對工作過程中個人顯現出的態度進行的評價。一個人用什麼樣的觀點看待工作，這種態度又如何顯現在工作當中，是否與艾多美的哲學和展望相符，這些都是評價的內容。因此與同事相處的融洽度也十分重要。口碑本身也許不會對工作成效產生直接影響，但我們的工作是以小組為單位來完成，每個成員都要扮演好自己的角色，這個大前提是不會改變的。因此重視團隊精神、培養良好的團隊默契，人人都喜歡與口碑優異的成員共事。所以艾多美認為，不僅是職務能力和合作評價，對口碑的管理也是非常重要的能力之一。

即便能力稍有不足，只要願意站在對方的立場思考並提供協助，就能獲得認可。在評價中，工作能力出眾的人和品行優良的人分數是接近的。只要人品優良，即便工作能力稍微不足，艾多美也願意提供協助、與職員一起成長，這些不足之處都能彌補起來。能為組織做出貢獻的個人能力其實非常多樣，艾多美的職員必須努力成為受同事歡迎、被同事信賴的人，而不僅僅是工作能力出眾的人。

時間工程

超越時間與空間

What & Why

時間的特性

人們總說要做好時間管理，那到底時間是什麼？整理時間的特性如下。

第一、超越性。人的想法可以超越時空、跳轉至未來。

第二、選擇性。我們可以根據價值觀選擇讓對的事件發生在未來。

第三、壓縮性。一段時間裡發生的事件之頻率會決定一個人一生的成就。

第四、複製性。把要發生在自己身上的事件委託給其他人。

How to

超越性

近代物理學當中，時間從過去開始、經過現在一直延續到未來。現在我們看到的太陽是八分鐘前的太陽，速度不同、時間的流逝也會跟著不同。我們意識到的不是時間，而是事件的順序。因此，做好時間管理就等同於做好事件管理。為了管理好發生在人生當中的事件，必須要選擇對的事件。為了選擇對的事件，我們必須要超越時間、前往未來。

選擇性

改變過去與現在的事件並不容易，但我們可以想像未來，朝自己想要的方向計畫事件。為了實現未來的計畫，需要做好萬全的準備，必須想像各種可能會發生的情況，避免意想不到的情形發生。我們必須不斷地檢視未來、作出最理想的選擇，並努力完善不足之處。活在未來看起來並不簡單，但被無法改變的過去束縛和被突發的現實捆綁，那才是真正的煎熬。

壓縮性

時間的選擇，也就是選擇對的事件很重要，但事件的發生頻率也是重中之重。人的一生只有不到一百年的時間，十分有限。在如此有限的時間裡能讓多少事件發生，將會決定一個人的成就。即便給予相同的時間，有人可能一輩子不會留下任何痕跡，但也有人會為人類歷史帶來巨大改變。我們在一段時間裡能讓事件發生多少次？這就是所謂的壓縮事件，就是壓縮時間。

複製性

複製性會帶來比壓縮性更大的成就。複製性指的就是將自己的工作指派給其他人或是機器人完成，是一種系統性工作方式。艾多美的職員對時間的概念有著很深的理解，因此懂得選擇超越、選擇、壓縮、複製時間並創造出爆發式成就。這是艾多美超越一流企業、邁向超級一流企業的原動力。

毫無對策的愛管閒事

毫無對策的愛管閒事就是最好的對策

What & Why

「愛管閒事」出影響力

在艾多美，對自身領域擁有深度專業性非常重要，但跨越不同領域、擴大工作範圍也很重要。不去區分「我的事」和「你的事」，而是在工作上「愛管閒事」，也就是成為所謂的「多工作業者」（Multi-tasker），這才是艾多美真正需要的人才。通常人們會覺得「愛管閒事」這四個字較為負面，但艾多美反而鼓勵職員多管閒事。艾多美希望職員在不懂或是覺得不對的時候，大膽地去管閒事，即便無視自己部門的工作也無所謂。

不過，管閒事當然不容易。人們通常在不知不覺被固定的思考模式限制，而且很難接受不分工。因為我們在成長的過程中一直歸屬於某一個群體，並在這個圈子裡長大，因此會覺得必須要有明確的分工合作。雖然不簡單，但艾多美希望職員把它當成是必須克服的一道關卡。不要只知道處理自己的事和部門裡的事，發揮管閒事的精神，一定能達到更大的加乘效應。只要打破框架，就能遇見更遼闊的世界，讓有影響力的「愛管閒事者」能盡情發揮的艾多美，就是各位飛揚的舞臺。

How to

工作範圍多寬，影響力就有多廣

一般而言，公司都會有組織表和分工表，職員依照其內容完成份內工作。分工之後，工作就會被細分給好幾位職員處理，職員通常也只會處理自己分配到的事情。如此一來，部門之間的工作區隔便十分明確，職員之間的界線也會變得清楚。

艾多美盡可能地避免固定的工作分工。所有工作都必須透明公開，無論是不是自己的負責事項。偶爾有厲害的人出現時，會一起思考工作該如何處理，會幫助對方、也會請對方幫助，不管是不是同一個部門。如果在達到目標的過程中發現缺失，即便不是同一個部門，也會參與其中，一起找到解決方案。因此，除了自己手邊的工作之外，深入觀察身邊的同事在做什麼樣的工作也是一種能力。

自己工作當中的80%是為了其他部門而做

每個人身邊的同事都是重要的顧客。一個人的職務能力只能用在自己的部門嗎？舉例來說，資管室負責人開發了一個管理軟體，但這個軟體並不是只為了資管室開發而成，而是為了行銷、會計、物流等所有職員，甚至可以說是為了讓艾多美的任務能順利推行而開發。反之，一個部門的失誤也不單止是影響到部門本身，當設計組設計出錯的箱子，客服中心就會成為下一個受害者。當顧客一一打電話來客訴，忙的當然就是客服中心。當宣傳組製作出錯誤的銷售文宣，就會影響到必須面對其他單位的營業部門。所有人的工作都有機相連，我們都是在為公司裡其他部門的同事工作，必須要明確知道自己是在為其他部門提供服務。顧客至上的原則不僅限於消費者，要知道我們的工作當中有70%～80%是為了內部顧客而做。

維持緊密關係也是重要工作之一

在艾多美，我們不會獨自工作。若想拓展工作的影響力、多管閒事的話，就必須多與其他部門合作。工作能力當中還包括與其他同事的配合度。如果只認為「把自己的工作做好不就好了嗎？」這並不是真的盡全力在工作，必須努力增加與身邊其他同事的交流。艾多美內部有稱讚彼此及贈送禮物等各種活動，這是因為我們認為同事之間的和睦相處非常重要。即便是個性較為內向也必須為此作出努力，只要努力就能慢慢改變。總而言之，我們不能忘記，每個人的工作範圍內包括與一起工作的同事變得更緊密，也包括與同事合作和取得協助。要把職員間的友好程度視為工作的一部分。

越異想天開越好

艾多美必須成為能將想像化為現實的公司。如果被固有觀念或老舊思想模式限制，就難以創造出讓人意想不到的新價值。我們需要讓自己異想天開，並歡迎發揮想像力的態度。而異想天開需要的是跳脫常識與慣性的勇氣。即使方法本身沒有錯也試著換個方式，或是為一成不變的流程帶來一些新的變化，不斷尋求更好的方向。並非所有工作都能一蹴可幾，我們要更常面對困難且難以實現的事。不要只做一些單純的工作，我們需要的是即便知道難以實現，也努力去挑戰的勇氣。無論最後結果如何，勇於嘗試本身就極具意義。即便是「先試過，失敗就算了」的態度也無所謂。跳脫常識、勇於挑戰、異想天開，是實踐艾多美「愛管閒事」的最好方法。

工作的主人

主動完成工作時才能真正成為工作的主人

What & Why

主動成為工作的主人

艾多美看待工作和職員的觀點是與眾不同的。通常企業會將職員視為管理的對象，總認為如果不監督或監視，職員就不會認真工作。但艾多美相信，每個人都有腳踏實地的本能，相信沒有人是天生懶惰，一定會想做某件事情也喜歡工作。我們總以為人是討厭工作的，但其實正好相反。試想剛出生的小嬰兒，一定會動個不停，即便躺著也會一直東張西望，手腳也停不下來。如果說小嬰兒動也不動，很有可能是生病了。當人原本勤勞的本性消失，就會沒辦法做自己真正想做的事，反而變成強迫自己做不喜歡的事。因指令去做不想做的事就會覺得無趣，做自己不喜歡的事自然就會失去動力。因此，相信一個人的自發性，不去插手是非常重要的。沒有什麼比自己選擇的事情更有趣，當我們能自己決定工作並為其負起責任，才能真正成為工作的主人。如果能擁有決策權並主動完成工作，就沒有什麼是不有趣的。對自己的工作擁有主導權並主動完成，那才是真正的「自己的工作」。

How to

別下指令也別插手

當新職員進入艾多美的時候，艾多美會先給他們時間適應，而不是一味地讓他們開始工作。我們不會在極短時間內進行職前教育並要他們立刻工作，而是給他們充分的時間適應環境。教導並讓新職員學習舊方式的話，就會讓他們失去擁有新思維的機會，只是一再地反覆舊有模式而已。因此，我們不會馬上要求他們進入狀況，而是讓他們去觀察公司是如何運作，直到他們了解自己該完成的工作是什麼。幾個月之後，公司就會開始慢慢出現變化。就算沒有對職員下具體的指令，但他們依然會主動找到自己該做的事。一些習以為常的工作方式，也會因為新職員的新思考方式而出現不同的觀點，這樣一來，就能為工作做出不同的嘗試，對整個組織來說何嘗不是一件好事？

自動自發完成的工作才是真正有趣的工作

受他人指使的工作目標，其實就等同於達成指示者的意圖，幾乎無法加入自己的想法或是創意。用舊有方式工作不會失敗，但也很難獲得成就感。為了讓組織變得更有活力，必須確保每個人都擁有自己的工作決定權，才能讓每個人都成為工作的主人。擁有越完整的決定權，工作就會越有趣。透過自己的想法去做新的嘗試、獲得工作上的成就、在組織裡獲得認可所得到的滿足感和喜悅，是只有成為工作的主人時才能感受到的「樂趣」。比起受指使完成工作，主動完成工作時會感受到極大的熱情與能量。

切勿管理、切勿監督、切勿監視！

在艾多美，我們沒有管理的概念。我們認為，不需要有人管理也能實現成果，組織也能妥善營運。這是因為我們賦予職員決策權，因此不需要任何人下指令，職員也會主動完成工作。若為了獲得成果而管理眾多職員，就會需要更大的組織。這樣一來就會造成成本上升、利潤下滑。但如果能打造一個讓人們專注工作的環境、讓職員成為自己工作的主人，那麼即使沒有人管理也能得到很好的工作成果。只要是誠實的、正確的，艾多美都會選擇尊重職員的決定。賦予職員自由卻又進行管理是不合理的方式，在艾多美，每個人都擁有做出正確決定的能力。

Episode

對請款無條件說「YES」的會計部門

有豐富經驗的會計部門組長剛到職時，朴韓吉董事長曾經對他做出這樣的請求：「如果收到其他部門的請款要求，請立刻匯錢，不要多問。」組長聽了這番話非常訝異，反問董事長「那我要做什麼？」朴董事長說：「會計組長負責記錄多少錢進來、多少錢出去，並向會計稅務所報告就可以了。如果想決定錢用在哪、要用多少錢的話，請到其他部門去。」

朴董事長要求組長不要管理、不要監督、不要監視。艾多美的每個職員都有公司卡，剛開始有些人擔心職員會濫用公司卡，但朴董事長卻非常放心。因為公司卡的使用內容記錄得非常清楚，沒辦法隨便使用。但更重要的是，艾多美的職員都是值得信任的人。

Chutzpah精神

什麼都不做比失敗更可怕

What & Why

大膽發問直到所有人都理解為止

在艾多美，我們有勇於挑戰、不害怕失敗的「Chutzpah文化」。「Chutzpah」是希伯來語，意指不被形式與權位捆綁的大膽與魯莽。也就是大膽發問、勇於自我主張，甚至讓他人覺得「厚臉皮」的猶太人特有的精神之一。

艾多美將Chutzpah精神視為積極向上的企業文化，無論對方是誰，對工作持有疑問時都要勇於發問。若有必要，也可以展開全面討論直到解決為止。因為強迫自己去做無法接受的事情，嚴格來說是一種職業怠慢。當意見不一致時，必須用積極挑戰的態度去說服對方或是被對方說服，不斷發問並進行商討，直到找到解決方案為止。不要被權位限制，必須明確表達自身觀點，用合理的方式取得對方的共識。

How to

勿與自在妥協

一一向上司詢問組織內不了解的部分並不是件簡單的事，因此到後來即便不清楚也很有可能裝懂不發問。自以為什麼都懂，順應於現實並輕易妥協，等同於什麼事情都沒有做。順應和妥協會讓人當下過得去，但從長期來看，不管是對公司還是對個人都是負面的。人與人之間意見不同是理所當然的事情，有人可能會擔心發生意見衝突，但必須克服這種想法。如果只是因為無法承受短暫的痛苦而輕易妥協，之後就必須面臨更艱辛的後果。為了組織的成長，不能逃避面對健康的衝突。不是為了去贏過他人，而是為了達到更好的成果的過程，是找到更好的解決方案的方式。我們每個人都必須具備透過不斷發問尋找正確解答的積極Chutzpah精神。

唐突、堅毅、大膽

艾多美總是要職員拒絕平凡，擁抱不平凡的非凡。在傳統的組織觀念裡或許顯得唐突的行為，只要是正當的，艾多美都會選擇包容。在艾多美的Chutzpah文化中，職員甚至有時候可能會與董事長起衝突。在這個過程中，基本的禮儀、禮貌當然必須遵守，但不能因為過度強調上命下服就抹殺了職員的想法。無條件遵循主管命令的態度和以Chutzpah之名隨意放肆行動，都是不正確的行為。

也就是說，在聽命行事的情況之下，依然要懂得有效率地打破固有觀念。工作的時候靠充滿創意的想法去獲得好成績，如果出現無法理解或無法接受的情況，就必須跳脫層級進行討論，直到心服口服。即便是董事長的指示，只要心裡有無法接受的部分，都必須大膽地反問，這才是真正的艾多美人。每一個艾多美人都知道，絕對不能默不吭聲，到最後才用他人當藉口迴避責任。

可以害怕失敗，但要克服恐懼

在艾多美，比失敗更不好的是因為害怕失敗而不敢挑戰。不要結果到來之前就開始畏畏縮縮，要有勇於挑戰的勇氣。為了跳脫層級表達自身意見，必須要擁有他人無法否定的實力和創意。當然，即便提出了合理的主張，一個人的觀點也不見得能讓所有人信服。在經過有效的討論之後，如果對方的意見更有說服力，就必須要懂得接受這樣的結果。在有根據的情況下用有邏輯的方式講理，無論最後結果如何，都是雙方成長的契機。即使自己的主張最後沒有得到認同，也是非常有意義的一次嘗試，因為這些失敗的經驗都會讓我們往更美好的未來前進。不要害怕失敗，挑戰過後才有新的機會、才能讓自己的實力更上一層樓，這是我們千萬要銘記在心的。

自我開發

不斷開發自我

What & Why

是帶領組織前進還是成為組織的絆腳石？

艾多美雇用擁有各領域必需能力的人才。然而即使在進入公司的時候已經擁有足夠的工作能力，隨著時間過去、經營環境不斷改變，需要的能力也會跟著有所不同。如果缺乏不間斷的自我開發學習的能力，就難以跟上市場變化的速度。

如果想知道自己該把工作能力提升至什麼程度，可以先了解組織的願景與目標，判斷自己的能力是否足以為組織做出貢獻、讓組織達成目標。組織的願景和目標會隨著公司的成長而改變，因此必須不斷掌握組織的願景和目標，若覺得自己還有不足之處，必須持續提升自己的工作能力。未雨綢繆的人不僅是能與公司一起成長的人，也是帶領公司成長的優秀人才。反之，安於現狀的人就很有可能成為公司的絆腳石。以工作專業性為基礎，透過提升工作領域相關知識、不斷閱讀書籍與自我充實，將自己品牌化，就能與艾多美一起成長，成為值得尊敬的人才。

How to

成為世界上最優秀的人才

當組織成員的能力完美結合在一起，才能讓組織擁有成果。不管組織成員的能力再怎麼出眾，只要缺少團隊合作，就無法達成目標。與之相反，若想將合作的加乘效應最大化，則必須先有實力出眾的組織成員。不懂複式記帳的會計部門職員、不會使用資訊系統的MIS職員、設計能力不足的設計部門職員、不會說外語的海外事業部職員等，有這些人不管再怎麼合作都沒有用。如果想讓職員對組織的成果做出貢獻，就必須要將職員的工作能力提升至最好的狀態。艾多美想成為超級一流企業，為此，每一位職員都必須將自己的能力提升至他人無法超越的水準。唯有世界第一，才能在全球數位化時代中生存下去。

先發制人的技術掌握與工作能力的提升

擁有能順利完成工作的專業性，是組織成員的基本義務。當組織成員擁有的工作能力實現最大化，組織的成果也會達到最高值。不僅如此，組織也會與職員一起成長、走向未來。隨著技術發展、事業領域不斷擴大，個人的工作能力也必須提升至相應的水準。反之，當組織成員跟不上成長速度，組織便會失去競爭力。當新的技術出現，原有的技術便會無用武之地。唯有隨時與變化的趨勢同行，先發制人、掌握新技術，才能成為最先進的公司。

除了需要不斷學習，必要時還得挑戰取得公開資格認證，必須用更積極的態度自我提升。對非自身專業的領域也要多加學習。與其他部門合作時，經常需要能結合各自領域知識並創造新成果的「統合」的能力。以自身領域的專業性為基礎，擴展有關資管、行銷、會計、設計等領域的專業性，就能成為更有影響力的人才。

閱讀是必不可少的

閱讀是學習新知與不斷刺激思考的最佳學習方式。透過各種類型的書籍，能就此展開一趟知識之旅，不受時間與空間的限制。隨著媒體盛行，人們得以輕易取得各種所需資訊，但人們可以透過閱讀來強化獨立思考的力量，這是書籍最大的特徵之一。在不同領域之間遊移，創造出新思維的同時，將四散的知識彙聚在一起，這個過程中又會再度出現新的想法。艾多美的事業當中，有不少是需要透過想像力來創造附加價值的，而沒有什麼比閱讀更能培養想像力。這也是為什麼艾多美鼓勵組織成員多閱讀的原因所在。在EQ區，每個月都會有新書上架，除了各種各樣的專業書籍之外，還有嗜好、通識等與工作無直接關聯的書籍。在閱讀的同時還是會有新的書籍出現，艾多美建議職員一週至少去一次書店，只要能讓自己成長的書，艾多美都願意買下來。

建立個人品牌

我們必須知道，個人也是自己的品牌，是必須積極向外推廣的個體。不管工作能力再怎麼出眾，如果不能被他人看見，就沒有發揮實力的機會，懂得對其他人宣傳自己的工作內容也是非常重要的。

為了凸顯自己的存在感，必須建立自身固有形象。定義個人身分的要素很多，其中外表對一個人建立形象負有決定性的作用。朴韓吉董事長為了加強自己在大眾心裡的印象，決定留鬍子、戴禮帽。後來，鬍子和禮帽便成了朴董事長最大的特點，只要見過朴董事長的人都會記得他。即便只是小地方，也能成為代表一個人的最大特色。外表已經不再只是單純的外貌而已，穿什麼衣服、鞋子有時候也會成為非常重要的因素。你是否也正在努力建立起屬於自己的形象呢？我們每個人都要能為「自己」這個品牌做出定義。

Episode

學無止境

艾多美有13名博士，有些人是在取得博士學位後進入公司，有些是半工半讀，較晚開始攻讀博士學位。這些人的專業領域也非常多樣，有商學、機械工學、電腦工學、生化學、有機化學、法學、基督教教育學等，這些博士都在艾多美發揮自己的專長。

其實即使沒有學位，也不會對進入社會工作有任何影響。已經在公司有一份穩定的工作了，為什麼還要讓自己艱辛地半工半讀呢？因為學無止盡。一旦踏入了學習的世界，便會想接觸更多知識、學習更多不同的新事物，這就是學問的魅力所在。而且，在艾多美這家分分秒秒都在成長的公司工作，更會對新知識充滿渴望。如果目標與願景非常清楚，眼前的道路也十分明朗，就會有一股強大的欲望，知道自己該做什麼、該加強哪些能力。因此即便沒有他人強迫，也會到學校、學院或是任何可以學習新知的地方充實自我。

在自我開發方面有著不亞於年輕職員們熱情的朴韓吉董事長在大學畢業後，時隔三十多年又再度成為了學生。他投入學習經營學，並於2016年取得經營學碩士學位，後來再度於2020年取得博士學位。（博士論文標題：對直銷接受度影響因素預測之研究-決策之樹與人工神經網分析採用，2020年2月）這是他為了不讓自己的實力退步而自我鞭策的成果。

成為艾多美第13位博士的崔承坤代表說，自己就是看到朴董事長對求知的熱情而受到鼓舞。身為公司CEO，每天工作都非常忙碌，還要平衡課業十分不容易，但因為想對行業結構進行深入研究，以這般使命感完成了學業。針對O2O平臺和消費者行為進行研究的崔代表，今後會為艾多美的未來帶來什麼樣的變化，實在讓人期待。

對於要引領國際級艾多美向前行的我們來說，全球市場不僅是一個巨大挑戰，也是一個學習機會。光憑意志和欲望是無法在這裡取得好成績的，為了將我們的熱情化為實力，絕對不能放棄自我開發。此時此刻，依然有許多人不分晝夜地自我充實，相信這些人將會帶領艾多美走向更美好的未來。

艾多美支付薪資為的不是員工的時間，

而是創意思維。

溜滑梯＆伊甸園

在「創意的空間」艾多美Park裡有個各種創新空間。除了連接三樓和二樓的溜滑梯之外，還用各種動物玩偶和植物裝飾而成的伊甸園，是位於艾多美Park中間的驚喜空間。

伊甸園

寬寬的桌子之間沒有隔板，翠綠的植物間擺放著動物玩偶，這裡就是伊甸園，是艾多美職員發揮創意與進行溝通的地方。

Office Zone

艾多美Park的辦公空間是自由席制，取代物理方式般的制約，嚮往不同領域的職員能自由溝通的空間。

Ball pool room

充斥著橡皮球的Ball pool room讓人們藉由回到兒時玩樂獲得新的創意想法。

置物櫃

艾多美Park沒有固定的工作空間，上班時將自己的個人物品放進置物櫃，挑選喜歡的位子就可以開始工作。

Elim Zone

用鞦韆取代硬式座椅的Elim Zone能讓職員發揮創意並自然進行溝通。

艾多美Lounge

位於建築中間的艾多美Lounge有淬鍊美味咖啡的高級咖啡機，是職員們的休息空間。

EQ Zone

EQ Zone讓職員能在這裡安靜閱讀或集中工作，透過聚精會神激發出新的靈感。

生存室

實現絕對品質絕對價格的生存室是展現艾多美創業理念的地方。

1樓籃球區

設有籃球遊戲機，為員工緩解疲勞。

1樓大廳

在寬廣的大廳裡，不規則的座位擺設為解決業務相關煩惱帶來更多創意發想。

4樓自由作業席

艾多美Park的員工能夠自由選擇工作空間。

2樓露台

在溫暖的陽光照耀之下與同事們談笑風生。

4樓自由作業席

3樓阿米巴區

像阿米巴變形蟲一樣的不規則形一體式座椅，和打破傳統觀念的艾多美工作方式有異曲同工之妙。

Thinking Room

創意想法來自自由空間，這是朴韓吉董事長的經營哲學，讓人想起主題樂園的各種空間設計，對艾多美職員來說是非常自然的日常之一。

遊戲區

可以玩射飛鏢的遊戲區。讓遊樂園與辦公空間的界線消失，讓工作變得像玩樂一樣有趣。

Slamdunk

Slamdunk是艾多美Park的「遊樂區」之一，在這個空間裡，職員不會被組織限制，能獲得更多的靈感。

愛管閒事區

不分你我，一起共享意見的愛管閒事區。每一個艾多美職員都要懂得為了顧客的成功而發揮愛管閒事的本能。

Book Cafe

除了各領域的專業書籍之外，還有嗜好和通識等海量書籍，艾多美認為讀書是必不可少的活動，只要是職員申請的書籍就會購入並提供給職員閱讀。

Chutzpah Zone

艾多美是追求水平文化的組織，為了徹底實踐水平文化，必須要有開放性的溝通環境，在尊重職位、年齡和經驗的情況下，讓職員能自由發表自身想法與意見。Chutzpah Zone正如其名，是一個讓職員可以發問、挑戰、自由發表主張的地方。

CHUTZPAH 후츠파 존
We are Atomy

全球艾多美員工（左上起依序為台灣、墨西哥、馬來西亞、土耳其）

LOUNGE
DREAM

atom美

5

分享DNA

社會責任

均衡的人生

均衡人生就是在生活中愛、學習、貢獻

What & Why

均衡人生的必備四大要素

成功的人生是實現均衡的人生，造物主將人類創造成均衡的存在，人類優於其他創造物的地方就在於「肉」、「靈」、「魂」的均衡結合，並在社會這個環境當中發揮正面影響力。當靈、魂、肉、環境能找回內在的真正樣貌，我們就能享受豐饒且美滿的人生。

首先是「肉」，我們必須要過上健康有活力的生活。在衣食住行等生活基本面下功夫，也是打造健康肉體的重要基礎。「靈」指的是愛人與被愛。當我們有了家人、社會、信仰等明確的愛的對象，就會擁有好好生活的意志。連結情感與情緒的「魂」能讓我們追求更好的自己。透過對知識的渴望，不斷學習發展，就能做出貢獻，讓社會與環境變得更美好。靈、魂、肉與環境是相互連結而非分離的存在，只有追求這四個要素均衡發展，才能發揮真正的熱情。而艾多美追求的均衡人生，就是充滿愛、學習、貢獻，認真生活的人生。

How to

正因我們有愛的人，就該好好過生活

不管是什麼事情，動機都很重要。當我們想實現一個目標時，必須掌握對目標的欲望是來自哪裡，光有欲望是難以達成目標的。當動機不夠明確時，很容易失去努力方向與自身目標。我們之所以要好好過生活，是因為我們有我們愛的人。

對父母來說孩子的幸福是最重要的，對丈夫來說妻子的幸福是最重要的。當然除了家人之外，愛還有許多不同的形式，但不管是誰，只要是發自內心的愛，都要先懂得讓自己好好生活。雖然錢並不是人生的一切，但經濟自立卻是好好生活的重要前提，我們經常會看到經濟困難破壞家庭或是一段關係。如果能將經由正當的方法將努力賺來的錢用在愛的人、愛的鄰居身上，就能過上有意義的人生。

艾多美為了分享獲得的利益而不斷付出努力，與獨自握有財富相比，與他人分享時能感受到更大的幸福與快樂。聖經裡也曾經提到，施比受更有福。不管需要什麼樣的犧牲，即便會讓自己筋疲力盡，也要堅定自己過好每一天的意志，只有這樣才能真正去愛人。

努力做夢就能化夢想為現實

唯有樹立自己對均衡人生的目標並在腦海中想像才能真正實現，就像運動選手進行意象訓練一樣，我們也要不斷地練

習夢想、預測、並將人生的樣貌具體化。未來尚未到來，沒有人知道會有什麼樣的結果。就像寫一本劇本一樣，精準地想像並描繪未來的話，就會慢慢找到自己該往前的方向。腦海中的意象不只是單純的想法，也具有改變行動的能力。我們可以想像將紅色石榴放入口中，只要吃過石榴，光是想像就會垂涎三尺。如果有想要實現的未來，就必須在腦海中刻畫出如電影般真實的場景。

當我們生動地描繪出夢想中的成功後，就要堅定地去相信。相信是看不見的實相，如果我們堅定地相信一定會實現目標，相信就會成為信念，並使奇蹟誕生。這樣的過程有一個專有名詞叫做「自我實現預言」（Selffulfilling Prophecy），指的是對未來的期待化為現實的傾向，也就是說當對某一件事的發生抱有極大渴望或期待時，這件事就很有可能成為現實。一起想像靈、魂、肉、環境皆均衡的人生和愛與分享的樣貌，邁向成功人生的旅程，已經開始。

Episode

失去希望時的唯一希望就是懷抱希望

——夢想 朴韓吉

何時買房
何時買車
何時再來一趟家庭旅行

人生的腳本
必須像一部電影一樣
生動地記錄下每一個夢想

不是有一天而是那一天
不是某處而是那裡
人生腳本
必須是實現夢想後的未來
寫下的夢想紀錄篇章

瘋了也無所謂
死了也無所謂
心裡比什麼都還渴望的
那種夢想

就是該寫進人生腳本的夢想
努力做夢就能化夢想為現實

勇於向他人傾訴夢想
就像播放一部電影一樣
不是一兩次就好
而是數十次、數百次
不斷地向他人傾訴
這樣才能讓他人了解並找到實現夢想的夥伴

充滿真心的話具有力量
若能凝聚這些力量
就能完成夢想

真正的勇氣
不是無所畏懼
而是勇往直前

即使在半路上摔倒
即使滿身瘡痍
也不能就此放棄

即便有99%的不可能

只要存在1%的可能性
就要朝著夢想繼續前進
就像在黑暗的洞穴裡
朝著一絲光線前行
一定能成功實現夢想

一定要朝著光的方向前進
即便只是一絲微弱光線
只要朝著光線前進
光線就會越來越明朗
最後就能在黑暗的洞穴裡
看見光明天地
即便只是一絲光線
也能讓人生充滿希望

失去希望時
唯一的希望
就是懷抱希望

分享的原則

從小地方、就近分享、現在開始

What & Why

分享幸福而非金錢

艾多美的分享存在一個原則，就是「從小地方、就近分享、現在開始」。並不是只有在心有餘力時才能分享，而是當自己處境艱難時要懂得幫助比自己更艱難的人。剛開始即便微不足道，只要持之以恆就能慢慢成長為懂得付出的人。如果賺錢成為人生唯一的目標，我們將永遠不會滿足，因為人的欲望永無止盡、人是不懂得知足的。有效率地使用金錢其實沒有想像中容易，就像我們會思考該如何賺錢一樣，用錢的時候也要三思而後行。如果能習得有效分享的智慧，我們就能過上截然不同的人生。企業的最終目標不只是追求利潤，而是打造一個讓所有生態界成員都能過上好生活的社會。艾多美就是以這樣的信念在分享。

How to

用得好跟賺得多一樣重要

存到錢不容易，把錢用在對的地方也不簡單。市面上有許多教人如何賺大錢的書籍，卻幾乎找不到一本書教人如何將錢花在刀口上。手頭緊的時候，只要一有錢進來就會誤以為人生充滿了希望，總認為經濟上的寬裕會帶來幸福，並埋頭努力賺錢存錢。然而對於尚未準備好的人而言，財富並不是幸福，反而可能成為一場災難。圍繞金錢的矛盾、誤會、猜忌、嫉妒也容易造成各種尷尬情形發生。若過去十年著重於如何賺錢，那麼今後十年則必須將重點放在如何用錢。透過更有效的用錢方式，以同一筆錢創造出高達30倍、60倍、100倍的附加價值。我們努力思考能根本為社會帶來貢獻的方法，而不是光只是一次性捐款。我們不斷研究可持續共用的方式，說明社會中的弱勢團體和真正需要的人。

從最近的人開始幫起

艾多美的分享原則可以概要為「從小地方、就近分享、現在開始」。對象依序為配偶、子女、父母、兄弟姐妹、親戚、朋友與鄰居、社區、國家、人類。也就是從小到大、從近到遠、毫不猶豫、現在就開始。即便只是一筆小數目，也要從最近的人當中尋找需要幫助的人，這就是分享的起點。

艾多美從創業初期就開始分享活動，從為公司附近的學校提供獎學金開始，總部遷移至公州市之後則為公司附近有困難的人們提供幫助，包括公州地區的低收入家庭、當地高中與老人福利設施、消防局等，現在則將分享的範圍擴大至全國甚至是全世界。

艱難的時候要幫助比自己更艱難的人

艾多美從創業初期就開始第一次的分享活動，當時的處境甚至艱難到連租辦公室的錢都沒有，因此當時並不是捐助大筆金錢，現在回想起來，金額甚至小到不能說是捐款，但我們堅持要「幫助比我們更艱難的孩子」。一開始，我們先為公司附近學校的在校生中，面臨生活困難的學生們提供每個月20～40萬韓元的捐助。記得當時有一位與奶奶住在一起的學生，雖然20萬韓元真的不是一筆大錢，但對他來說卻宛如天降甘霖。錢的多少不是最重要的，心意才是。為真正需要幫助的人伸出援手，就能給對方帶來極大的安慰與勇氣。雖然我也不好過，但我願意幫助比我更艱苦的人，這樣的心意比什麼都還重要。雖然擁有非常不起眼，但只要下定決心幫助他人，就能擁有改變他人人生的力量。

捐款必須是現在進行式

幫助他人的絕佳時機，是「此時此刻」。有不少人都會說「以後賺了錢要幫助窮人」。但其實捐款不應該是「以後」才做的未來式。艾多美追求的分享活動當中，一個很重要的原則就是——要讓助人成為「現在進行式」。等自己有錢才去做的事情，有很大的機率是之後即便有了錢也不會去實踐的。賺了一億就想賺兩億，這樣的心態是人之常情，所以即使賺了一億也不會覺得自己經濟情況好轉，更不會覺得自己有錢能幫助別人。如果真心願意幫助他人，就應該讓捐助融入生活中，而非等到特別的公益活動出現才去實踐。

使命

為社會做出貢獻是每個人的使命，我們無從選擇

What & Why

愛的實踐是不可逃避的珍貴義務

艾多美認為造物主「上天」賦予我們的使命是非常重要的價值。將愛化為實踐、為弱勢族群伸出援手、透過自己的奉獻打造更美好的世界，這些都不只是局限於基督教而已，而是每個人都應該遵守的普世真理。我們相信，聖經裡的內容也許就是最普通的價值。因此，我們在為社會做出貢獻或進行分享時的態度，也超越了單純的企業CSR，也就是所謂的企業社會責任。這並不是經營的附屬活動，不是做也好、不做也罷的事情，而是貫徹艾多美本質的、必須實踐的使命。艾多美從初創期開始實踐分享、朴董事長以及所有家人都成為捐款1億韓元以上高額捐款人組織（honor society）的會員等，都是因為我們有著無可逃避的珍貴義務。珍視每一個人的存在、讓企業與社會共同成長，艾多美以這些經營哲學為基礎進行分享活動，致力於讓我們的社會變得更溫暖而充滿希望。今後，艾多美也會以社會成員的身分，繼續為社區與弱勢團體付出，打造一個均衡發展的社會。不僅如此，我們還將走出韓國，讓我們助人的橄欖枝能延伸至全世界各個角落，成為充滿愛的企業。

How to

分享的根源

分享並不是憑藉一個人的能力，其實分享的心意與能夠分享的所有條件，都是來自於上天。我們的角色，不過是明白自己有這樣的使命並去實踐罷了，我們相信上天會提供我們所有需要的資源與機能。個人的努力與腳踏實地固然重要，但不能忘記是上天讓我們得以行動、得以實踐，我們每分每秒都必須竭盡全力完成我們的使命。分享是上天偉大的旨意與恩惠，分享是為了我們自己。不只是接受幫助的人，助人的人也會感到感動，這就是分享的意義所在，只有真正實踐分享的人才能體會這種截然不同的感受。上天透過分享讓我們領悟，世界上有比物質更重要的價值。上天給予人類最珍貴也最寶貴的東西，只有真正體會上天旨意與天下的人才能獲得幸福。切莫懷疑來自上天的愛，惟須著重於自身的使命。領會上天的真意並創造天下，就是我們的使命。

往可持續的方向不斷進化

艾多美將分享活動系統化，使其更加有效率且可持續。艾多美追求的分享活動是創造企業與社會能共用的價值並實現共同成長。想實現這個目標必須透過持續性的分享活動，一次性的活動是無法實現這個目標的。為此，必須要營造有效率的分享系統。為了實現這個目標，艾多美與贊助的夢想美基金會

（Dreamy Foundation）一同成立內部公益團體「愛心分享志工會」。艾多美愛心分享志工會以公州地區為中心提供物資支援，讓當地居民的關係變得更加緊密。

艾多美的所有職員和會員都會參與到志工活動當中，不斷擴大服務範圍，為全世界需要幫助的每一個角落提供幫助。除了2021年10月透過Korea Compassion捐出1,000萬美元，2022年2月簽署長期捐助全球10,000 名兒童協議，2022年8月追加支援140億韓元外，並計畫支援東南亞、印度、中國、非洲等因經濟困難而無法持續就學的孩子們到大學前的醫療、教育等費用。

有句諺語是這樣說的：「給他魚吃，不如教他如何釣魚。」及時的幫助也許可以短暫解決問題，但能根本解決問題的幫助才是真正迫在眉睫的。艾多美向「社會福利聯合勸募協會」捐贈100億韓元，營運「捐助人建議基金」（Donor Advised Fund），也就是幫助青年單親家庭的「珍生媽」（珍視生命的媽媽）基金會。捐助人建議基金不像獨立財團，少了繁瑣的流程，可直接反映捐助者的需求、規劃基金專案，讓捐款全額實際被用於慈善事業中，營運方式非常具有針對性。艾多美以社會事業團體的專業性與網路為基礎，共同營運基金會，持續打造有效率的社會貢獻模式。艾多美的分享活動變得越來越有系統、且不斷往可持續的方向進化。

讓分享如呼吸般自然

艾多美的分享活動，其中一項重要的原則是「助人但不傷心」。若在提供幫助時反而讓對方感到不自在的話，就不能說是真的幫到別人。就像我們呼吸並不會影響到其他人呼吸一樣，分享也必須像呼吸一般自然。其次，分享時最重要的就是「真心」。發自內心的分享不只是單純物質上的分享，還必須讓對方感受到我們的心意。為了顯示我們的真心，我們必須持續實踐簡單的分享活動，而不是華而不實的分享。聖經裡也提到「你施捨的時候，不要叫左手知道右手所做的。」孔子也曾說：「人不知而不慍。」就像我們呼吸不是為了做給誰看，行善也應該要像呼吸一樣自然。

Episode

提供給未婚媽媽的
「珍視生命的媽媽」基金會

2019年艾多美迎來創立10週年，並於當年實踐了大規模捐款。當時我們透過「社會福利聯合勸募協會」捐贈100億韓元，是當時中堅企業最大規模的捐款。艾多美捐贈的100億韓元以「珍生媽-珍視生命的媽媽」為名，為單親青少年父母營運捐助人建議基金。

未婚媽媽支援項目能拯救小生命，具有非常特別的價值。身為捐款超過1億韓元以上的高額捐款人組織一員的朴韓吉董事長以及都敬姬副董事長，平常也非常關注社會弱勢群體，並提供相關支援。

據韓國統計廳資料，2017年韓國未婚父母超過三萬人。直到2000年初期，大部分的未婚家庭子女都是被收養居多，後來有越來越多的單親父母選擇撫養孩子。因此，人們對未婚父母的育兒也有觀念上的轉變，也出現越來越多有關單親媽媽的育兒支援政策，但社會上依然存在需要幫助的灰色地帶。對未婚媽媽來說，不僅需要短暫的醫療費用和生活費支援，初期房屋租賃、產後育兒職能教育、就業與創業等自立能力提升、融入社會等住房支援等，依然有許多需要幫助的部分未能得到良好的協助。

珍生媽專案旨在幫助決定養育孩子的單親媽媽，協助她們解決懷孕、生育、育兒、自立等所有過程中面臨的問題。最大的目的在於改善舊有支援體系當中的灰色地帶，並提升未婚媽媽的家庭生活品質。青少年未婚媽媽選擇保護珍貴的小生命，因此必須犧牲自己的青春，付出巨大的代價。艾多美的珍生媽基金支持選擇保護小生命的年輕媽媽，成為他們最堅實的後盾，讓他們不必放棄夢想與目標，成長為社會的一分子。

投資成立公共兒童復健醫院

2020年7月，艾多美為了成立公共兒童復健醫院，為全州耶穌醫院捐贈了27億韓元。在兒童發育方面，兒童障礙的早期發現與治療是非常重要的，需要能有專門治療孩童的專門醫師和護士等各方面專家的專業醫療機構。此外，為了讓監護人能放心在外工作，也需要加強整體看護服務。但很可惜的是，目前針對殘疾孩童復健的專業醫療設施依然是少數，兒童復健醫院數量極少，公共兒童復健醫院數量為零。

韓國政府目前正在推動於大田廣域市、廣尚南道昌原市、全羅北道全州市等地成立公共兒童復健醫院。其中，負責服務全羅道地區的全州耶穌醫院為了滿足醫療需求，將原本的地上兩層、地下一層的設計調整為地上四層、地下一層，建築的成本也將無可避免地增加。為了幫助殘疾兒童順利復健，艾多美提供了27億韓元的資金，讓醫院得以順利設立。期待艾多美的微小幫助能成為推動兒童復健醫院設立的動力，艾多美今後也會持續對該領域抱持關注。

西羅亞眼科醫院免費復明手術與贊助學術研究院成立

2018年2月，艾多美為西羅亞眼科醫院提供20億韓元資金，幫助提供免費復明手術並成立學術研究院。艾多美先是為眼科學術研究院的成立捐助的10億韓元，並從2018年起每年捐贈1億韓元幫助病患實施復明手術及接受相關治療，共為期十年。

西羅亞眼科醫院為面臨經濟困難的病患提供免費診療、手術與復明手術，並為處於醫療環境惡劣地帶的患者提供免費到府診療服務。1986年開院至今，透過海內外免費愛心診療與復明手術支援專案，共為100多萬人提供眼部治療服務，並為3萬5千多人提供復明手術。艾多美從2016年起為西羅亞眼科醫院免費復明手術提供贊助，2017年12月透過艾多美會員與職員參與的慈善義賣會捐出募得的1億韓元款項，2021年則為醫護人員的增加與LIGHT HOUSE的成立（訪韓海外醫療團隊服務專案）捐贈10億韓元。

朴韓吉董事長曾說：「艾多美之所以能成長到今日的規模，是因為有著上天要我們為人服務的旨意。就像西羅亞眼科醫院讓盲人重見光明，艾多美今後也會繼續努力分享，讓更多人感受到上天的愛。」

為公州市地區經濟做出貢獻

艾多美Park在公州紮根後，為當地地區經濟帶來一股新的活力。2013年，艾多美總部搬遷至公州後從未缺繳地方稅，還曾獲選為公州市優良納稅企業。艾多美Park完工後，有1500萬名來自世界各地的艾多美會員來到公州，成功刺激了當地的經濟。截至2019年，每年有超過10萬名會員來到公州參訪總部與參加各種會員活動，據推算成功創造出超過100億韓元的經濟效果（根據K-MICE經濟外溢效果計算標準）。當艾多美進軍海外市場的速度越快，公州作為國際級零售企業基地的名聲就越高。

不僅如此，艾多美也致力於解決公州市的福利問題。2013年搬遷至公州市後，每年都在當地舉辦愛心分享活動。同時也提供超過20億韓元的捐款與生活必需品支援來回饋社會。此外，艾多美還定期為兒童福利機構與身心障礙者福利設施提供捐款。不僅為公州市身心障礙福利中心提供購買車輛的款項，還引進接送交通弱勢群體的區間公車。

而且艾多美還為公州市低收入家庭青少年的種子存摺和公州市邑、面、洞的愛心冰箱設置提供捐款。2018年起，艾多美還舉辦愛心長跑「Atomy Run」，並捐出募得的5億韓元給低收入弱勢群體與建立無障礙設施。

除此之外，「艾多美Orot」完工後也創造出許多新的工作崗位，預計能為刺激地方經濟助一臂之力。「艾多美Orot」

將與擁有專利技術的科技公司、擁有獨家料理法的食品公司、技術外包企業等具有實力的中小企業共同合作，研發出卓越的食品並商品化，最後透過艾多美的零售網進行銷售，打造完整的食品園區事業。4～6家廠商進駐，完備產品生產需要的設備設施與食品研究所後，將創造出巨大的雇用需求。此外，我們也將完備身心障礙者宿舍與便利設施，以確保能直接雇用身心障礙者。

艾多美Park夢想成為公州的新地標，以艾多美Park為中心，公州市將與艾多美合作，創造企業與城市共同成長的模範先例。期待超一流企業艾多美讓公州成為受全世界喜愛的城市。

美麗的同行

奇蹟的開端，與Compassion攜手合作

What & Why

成為下一代的希望

俗話說：「養育一個孩子需要傾注全村之力」，意即每一個孩子都是上天賜予的珍貴禮物，需要全社會的幫助才能好好地將孩子撫育成人。艾多美的分享理念中，特別重視被忽略的弱勢兒童與青少年福利。

艾多美向國際兒童養育機構Compassion捐款1,000萬美元

對世上許多孩子而言，連簡單地飽餐一頓都是奢望，也有許多人小小年紀就必須賺錢養家，無法上學接受教育。席捲全球的新冠肺炎、海地大地震，以及因氣候變化所導致的自然災害等重創人類，而貧困的孩童也是最為飽受折磨的一群。

艾多美已進軍全球24國，擁有1,500萬名會員。艾多美為了履行作為跨國企業的社會責任，2021年向國際兒童養育機構Compassion捐款1,000萬美元，就單日捐款而言，該筆捐款為Compassion七十多年歷史上最大額捐款。艾多美自從2009年成立以來，至今已捐款近750億韓元*。

2022年2月，艾多美與Compassion合作，為超過10,000名兒童簽訂一對一援助合約，一對一援助屬於定期支援活動，

* 以2022年8月為基準。

並非一次性活動。每個月捐款援助，直到孩童長大成人，每年約需捐出60億韓元。此外，朴韓吉董事長開始自費救助1,000名兒童，副董事長都敬姬亦開始援助100名兒童，竭誠傳播善的影響力。另外，2022年8月時朴董事長個人出資70億韓元，加上艾多美公司所捐的70億韓元，共向韓國Compassion捐出高達140億韓元的緊急救援金，緊急救援金共用於33項不同的救助方案，如：救助因新冠肺炎、內戰、地震等災難與災害而備受煎熬的兒童；提供獲選學生高等教育學費支援與職業教育；開發兒童認知能力與培養社會情感能力等。目前艾多美的會員與員工亦共襄盛舉，形成了良善影響力的良性循環。

報答恩情

艾多美之所以捐第一筆款項給Compassion時採用美元進行，是因為這其中蘊含著艾多美將來自世界各地所賺取的收益，用於救助全世界飽受痛苦折磨的孩童之意。Compassion當初是為了援助6.25**時的韓國戰爭孤兒而成立，韓國直到1993年都是該項計畫的受惠國，後來經濟起飛，從2003年起轉為援助國。值得一提的是，韓國也是Compassion受惠國中第一個成為援助國的案例。許多好心人在過去艱苦的歲月裡付出了關懷與愛心，現在我們想好好報答這份恩情，這點也為我們援助全球兒童的計畫帶來了積極的影響。

** 1950年6月25日韓國爆發南北韓戰爭，又稱6.25戰爭。

How to

一路援助到孩子成為獨立自主的成人時

很多慈善團體以救助、救濟與開發為中心推進相關業務。這其中，我們之所以會特別關注Compassion，是因為「養育機構」並非只進行單次捐款，而是持續援助到孩子長大成人，這不僅在孩子們長成青少年、進而成長為可獨立自主的成年人的過程中提供學習的機會，還會定期讓孩子們進行健康檢查、培養其社會能力與提供情緒方面的照護。實際上，Compassion於2008年至2010年與美國舊金山大學經濟系教授布魯斯・懷迪克（Bruce Wydick）一同進行的研究結果顯示，接受Compassion全人養育的兒童與未接受的兒童相比，前者成為教師的比例比後者高63%，完成大學學業的比例比後者高50～80%，成為社會領袖的比例亦較後者高30～75%。

艾多美的捐款用途很廣，如：海地地震專案，為12,000多名受災孩童家庭提供臨時住處與臨時教室，以及新冠肺炎緊急養育改善專案與亞洲地區青少年養育開發專案等。新冠肺炎的肆虐讓孩童的生活變得更為艱苦，未來也變得更加不明朗，希望艾多美的捐款能夠成為遭遇困境的孩童與家人黑暗中的希望光芒。

Episode

不該死守財富，應該要回饋大眾

國際兒童養育機構當初是為了援助6.25時的韓國戰爭孤兒而成立，美國斯旺森（Swanson）牧師為了向參戰軍人傳教，於1952年來訪韓國。某日清晨，牧師看到工人們把飢寒交迫之下喪生的戰爭孤兒屍體裝進卡車的場面，因此受到了莫大衝擊，親眼目睹戰爭孤兒的悲慘下場後，他在返回美國的飛機上自問：「看到這些後你能做些什麼？」一抵達美國，他便開始為韓國戰爭兒童著手成立基金，這就是Compassion的起源。如今，Compassion已在全球25個國家為近200萬名兒童提供援助。

2021年，艾多美的朴韓吉董事長透過電視節目看到喝泥湯維生的馬達加斯加兒童，這時，七十年前斯旺森牧師曾反問自己的問題：「看到這些後你能做些什麼？」不停地縈繞在朴董事長的腦海中，這些孩子不僅飽受新冠疫情的折磨，還因遭逢天災的打擊而苦不堪言，朴董事長下定決心要為這些孩子盡一份心力。就在這個時候，長久以來，以系統化的作業方式持續行善的Compassion與艾多美結緣，想深入了解Compassion的朴董事長每天晚上都會收看Compassion的Youtube頻道，藉此知曉了Compassion的工作氛圍與員工們樂於分享關愛的理念，還曾因為車仁表、李榮杓等知名人士贊助Compassion的故事而感動落淚。

朴董事長一直以來秉持著「不該死守財富，應該要把財富化為祝福，讓財富回饋大眾」的這個理念，積極地為社會做出貢獻，目前朴董事長一共向Compassion捐款288億韓元，此外，個人還為1,000名孩童提供一對一捐款援助。

朴董事長表示：「孩子平安成長就是世上最令人動容的幸福，希望全世界艾多美會員的熱情，能對備受折磨的孩子們有所助益。」未來，艾多美也會將上天所賜與的祝福送往需要之處，成為分享祝福的通道。

秉持人本關懷、企業與社會共同成長的哲學

進行艾多美分享活動。

我們正在讓社會更溫暖、更光明。

韓國法人一向柬埔寨小學提供贊助金（2016年1月）

馬來西亞法人—第一屆愛心長跑—The Bond Between us （2019**年**8**月**）

2019
FINISH
ANG
P
3077
728

艾多美全球分享活動（韓國、臺灣、馬來西亞、菲律賓、新加坡等）

18/08
atom美
RUN
Between Us

艾多美全球分享活動（韓國、臺灣、馬來西亞、菲律賓、新加坡等）

atomy
ATOMY
Corporate
Social
Responsibility

atomy
SGD 3,000
2016.06.05

韓國法人

向愛的果實社會福利共同募款會捐款資助100億韓元未婚媽媽支援金（2019年6月）
捐贈柬埔寨醫療巴士（2021年3月）

韓國法人

向Compassion海外兒童救援機構捐款資助140億韓元支援金（2022年8月）

atom美
ATOMY

附錄

艾多美Park

將顧客的成功視為第一經營目標，追求「玩累了再工作」的企業文化，
為各位展現蘊含艾多美哲學與願景的艾多美Park。

꿈으로
물들이다

空中花園

開放式無屋頂空中花園能讓人感受大自然氛圍，在戶外休息區徹底放鬆，是與工作環境相結合的空間。

外部雕塑

艾多美Park庭園裡有各種各樣的雕塑作品，其中名為「逆風前行」的雕塑代表著艾多美的堅定意志，象徵艾多美不管面臨何種逆境都會努力為顧客的成功繼續前行。

L層大廳

前來艾多美Park時首先會看到的空間，以白色、原木色、
綠色等顏色組成，給人舒適自在的感覺。

愛餐堂

艾多美訪客與職員的用餐空間，提供各種健康美味餐點。

HISBEANS Coffee

位於艾多美Park一樓的咖啡廳HISBEANS Coffee是致力於改善身障者雇用的社會服務企業，採用直接烘焙的上等咖啡豆製作咖啡。

ARVADA
BREAK TIME

游泳池

不亞於高級飯店的艾多美Park游泳池，讓職員與職員家人能徹底放鬆、鍛鍊健康身軀。

健身房

艾多美認為健康的心靈來自於健康的身體，因此將健身房搬進辦公室裡。可以沿著辦公室裡的步道走走路，也可以透過健身器材和瑜珈等鍛鍊健康身心。

騎馬場

可以在一片綠油油的大自然中與馬兒互動的騎馬場。為職員與職員家人提供基礎到高級等各種騎馬課程與體驗活動。

五人制足球賽場

設有戶外人造草皮足球賽場，除了足球賽以外，也能進行各種戶外生活運動。

FC
VALOCHA
FC
VALOCHA
FC
VALOCHA

體育館

身體越健康，工作效率越好。在艾多美Park的體育館裡，員工們組成籃球、羽球等公司內部的同好會，一起揮灑汗水、享受運動的美好。

豪華露營場

享受著艾多美Park的自然風光，好好休息一番。

散步道路

漫步於鬱鬱蔥蔥的樹木之間，盡情享受休憩時光。

社訓

珍愛靈魂

依照上天的形象被創造出來的人，絕對無法成為工具，是必須成為目標的珍貴存在。

經營夢想

預測未來的最好方式就是計畫未來，必須提前到未來經營夢想。要經營屬於自己的夢想並讓夢想化為現實。

堅定信念

艾多美認為真正的信任是相信看不見的而非相信看得見的。相信看不見的願景是引領我們走向正確未來的力量。

謙卑服務

艾多美認為謙卑是最重要的行動原則，夢想可以遠大，但姿態必須謙卑。唯有當實現一切之後仍能保持謙卑，我們才能成為值得尊敬的人。

創業理念

生存

生存是包含企業在內的所有組織的第一目標，也是企業最重要的社會責任。艾多美與職員、會員、消費者、合作廠商、社區有機相連，有義務打造出更好的社會。艾多美的生存是為了負起責任，這是無可避免的選擇。為了生存，艾多美不僅努力降低成本，還主動在企業環境與變化方面作出應對。

速度

雖然生存是企業的首要目標，但企業更大的附加價值是通過成長創造出來的。艾多美式的成長當中，最重要的要素是「速度」。在艾多美，速度並不代表單純的「快」，而是包含「速力」和「方向」。艾多美認為，只有在掌握正確方向並加快速力，才是真正實現所謂的「速度」。

均衡

「均衡」代表如何分配創造出來的價值。艾多美追求通過均衡分配實現社會企業水準的公共性，均衡的分配就代表公平的重新分配，均衡能將艾多美的社會價值最大化，艾多美致力於在更高的水準上實現艾多美對成員的價值均衡。

經營目標

顧客的成功

艾多美認為顧客不是手段而是目的，反映出艾多美顧客哲學的，正是小牛哲學與小孩哲學。養好乳牛不是為了牛本身，而是為了擠出更多的牛奶。然而媽媽把孩子養好，並不是為了從孩子身上獲得些什麼，因為孩子本身就是目的。要想讓顧客實現成功，就不能僅僅停留在滿足顧客。不僅要滿足顧客，還要感動顧客，最後才能讓顧客成功，這是我們都必須銘記在心的。遇見艾多美之後，不只是消費者能成功，直銷商也能實現屬於自己的成功。

流通的樞紐

成為全球流通的樞紐是艾多美的目標，樞紐代表著中心，為了成為連結全球生產者與消費者的中心，艾多美不斷提升絕對競爭力。透過尋找並供給世界各地絕對品質絕對價格產品的GSGS（Global Sourcing Global Sales）戰略，讓各種商品與服務藉由艾多美在全世界流通。

超一流企業

艾多美致力於成為超一流企業。為此，我們將「正善上略」（正直與善良是最好的策略）作為經營哲學，並堅持零售的本質，用最低的價格為消費者提供最好的產品。此外，為了

讓艾多美的成員也能成為超一流，我們以良心和道德為基礎，
努力培育創造附加價值的創意型人才。

經營方針

小實體大網路，精實管理

艾多美希望能成為小實體大網路的公司，我們想成為比規模大的企業還要更堅實的公司。這也是艾多美創業理念之一——「生存」的經營方針，因此我們需要去除多餘的要素，執行最精密的經營管理。大公司代表，職員擁有巨大的幸福、顧客擁有巨大的成功、對社會發展做出巨大的貢獻。

三大文化

原則中心文化

原則中心文化代表著實踐人類普世價值，一舉一動都必須對社會有益。

共同成長文化

共同成長文化代表要實現艾多美會員、消費者以及社區的共同成長。

分享的文化

分享的文化是艾多美與世界互動並分享愛的方式。讓艾多美感到自豪的三大文化，是艾多美成為百年企業的重要墊腳石。

國家圖書館出版品預行編目資料

艾多美DNA：超有機體艾多美的創新經營祕訣 / 艾多美股份有限公司作. ——初版——[新北市]：晶冠出版有限公司，2023.03
面；公分．——（智慧菁典；28）
譯自：애터미 DNA ：초유기체 애터미의 혁신 경영의 비밀

ISBN 978-626-95426-9-7（平裝）

1.CST: 企業經營 2.CST: 企業管理 3.CST: 成功學

494 112001323

智慧菁典 28

艾多美DNA
——超有機體艾多美的創新經營祕訣
애터미 DNA：초유기체 애터미의 혁신 경영의 비밀

作　　者　艾多美股份有限公司
行政總編　方柏霖
副總編輯　林美玲
校　　對　蔡青容
封面設計　봄바람 baram@bombaram.net
　　　　　콘텐츠 그룹 담(談) 김정선
出版發行　晶冠出版有限公司
電　　話　02-7731-5558
傳　　真　02-2245-1479
E-mail　ace.reading@gmail.com

總 代 理　旭昇圖書有限公司
電　　話　02-2245-1480（代表號）
傳　　真　02-2245-1479
郵政劃撥　12935041 旭昇圖書有限公司
地　　址　新北市中和區中山路二段352號2樓
E-mail　s1686688@ms31.hinet.net
印　　製　大鑫印刷
定　　價　新台幣450元
出版日期　2023年3月 初版一刷
　　　　　2023年3月 初版三刷
ISBN-13　978-626-95426-9-7

旭昇悅讀網 http://ubooks.tw/